身近な「鳥」の生きざま事典

鳥類的機智都市生活

從覓食、求偶、築巢、叫聲，
一窺43種鳥鄰居令人意想不到的日常

一日一種 著

林詠純 譯 林大利 審訂

前言

觀察離我們最近的動物

野鳥是離我們最近的野生動物。就算不去到動物園、即使不置身於大自然，只要在住家附近「散步」就能看得到。

「反正不就是麻雀、烏鴉、鴿子嗎？」或許有人會這麼覺得，但就算是這些鳥兒，也每一種都有鮮明的個性。而且如果仔細觀察，在城市裡一天就能發現好幾十種鳥。第一次參加賞鳥活動（野鳥觀察活動）的人，幾乎一定會因為能夠觀察到這麼多種類的鳥而感到驚訝。

而且我最想告訴大家，光是像這樣觀察鳥類，就已經是一件「有趣」的事情。五花八門的種類很有趣、各式各樣的行為與行動很有趣……總之不管怎麼樣都有趣，只要一開始觀察，就會忘記時間一直看下去。

本書希望以輕鬆、愉快的方式，介紹生活周遭鳥類的「趣味之處」。本書的主角，就是在我們日常生活中隨處可見的野鳥。

生活周遭（住宅區等）可以看見的鳥類。

「賞鳥」的優點

走路解決
運動不足的問題
聆聽鳥鳴
也能放鬆心靈

野鳥觀察，說得白話一點就是大家常說的「賞鳥」。畢竟「野鳥觀察」聽起來似乎有點門檻，所以本書還是使用「賞鳥」這個說法吧！

賞鳥是輕輕鬆鬆就能從事的興趣，不只「有趣」，還有許多優點。

首先是賞鳥能夠增添走路的樂趣，並有機會解決運動不足的問題。而且在廣闊的戶外聆聽鳥鳴，想必也能放鬆身心。此外還能感受季節變化、認識周遭環境，所以賞鳥可以說是個健康、帶有文化氣息的興趣。

鳥鳴聲有益健康？

鳥鳴聲的特徵是帶有混和了複雜音節的「1/f振動」。潺潺流水與海潮波濤等其他自然界的聲音中也含有1/f振動。據說1/f振動能夠幫助身體分泌穩定心情的荷爾蒙「血清素」。

感受到春天來臨等季節變化

也能注意到
哪些地方有什麼樹

不過，如果想要遇見各式各樣的鳥兒，最好事先具備一點知識。有句話是這樣說的：「如果心不在焉，就會視而不見、聽而不聞」，在沒有任何準備的情況下，就算鳥兒出現在身邊，也很難捕捉到牠們的聲音或身影。反之，只要具備少許知識，在無意間發現野鳥、聽到牠們的聲音，就不是什麼稀奇的事情。

推薦邊做其他事情邊賞鳥

邊通勤邊賞鳥

邊做家事邊賞鳥

賞鳥不需要特殊的工具或裝備。雖然望遠鏡能夠帶來更充分的觀察體驗，但沒有也無所謂。至於服裝，一般都會建議方便行走的穿著，但如果沒有去到山裡，無論是西裝還是和服都沒問題。不過，移動時聲響較大的服裝，會讓鳥兒產生警戒心，可能不大好。

此外，賞鳥也不需要挑地方。任何人都能在日常生活中賞鳥。把散步的路線或通勤、通學的路線等當成賞鳥地點就已經足夠。推薦入門者「邊做其他事情」邊賞鳥，譬如邊散步、邊慢跑、邊上班上學……

展示動物與野生動物的差別

雖然提出了很多賞鳥的優點，但觀察野生動物和在動物園等欣賞動物時不同，也有一些難處。只要購買門票，任何人都能在動物園安全地近距離觀察少見的動物，但比較難掌握牠們原本的生活樣貌與生態吧？至於野生動物，在某些時期或場所可能看不到，或是因為距離太遠而看不清楚的狀況也不少。這兩種觀察動物的方式各有優缺點。

展示動物。只要花錢就能安全地近距離觀察，但另一方面，比較難知道牠們在大自然當中原本的生活樣貌。

等等。習慣之後，如果覺得「我想看更多種類的鳥！」再找周末假日去到稍微遠一點的地方也不錯。

野生動物。雖然能夠觀察動物自然的樣貌，但有時會離得太遠、也有可能無法看到。

適合賞鳥的時段、時期

春

春季進入繁殖期，經常可以聽到鳥兒鳴唱，看見牠們求愛、築巢、交配。較早進入繁殖期的種類，從冬末就開始繁殖。夏候鳥飛來，冬候鳥飛去。

審訂註：「夏候鳥」是春夏期間返回本地繁殖，秋冬到度冬地過冬的候鳥。「冬候鳥」是秋冬期間來到本地過冬，春夏回到繁殖地繁殖的侯鳥。

夏

鳥兒在初夏時忙於育雛，經常可以看到叼著食物的鳥。有些鳥每年繁殖好幾次。依然單身的公鳥，會繼續鍥而不捨地求愛。

※盛夏不容易看到鳥類，人類也可能中暑。不建議在這時賞鳥。

野鳥一般在早晨較活躍，經常鳴叫，所以早晨是容易發現野鳥的時段。上班上學的時間剛剛好。不過冬天如果氣溫不上升，鳥兒也不大活動，所以也不能說早晨就一定適合。建議在自己能配合的時段觀察，不要勉強自己。

對入門者來說，「冬天」是最適合的時期吧？野鳥在春天至夏天也經常鳴唱，能夠聆聽鳥鳴，但這段時期枝葉茂密，變得比較難發現鳥兒。冬天樹葉掉落、視野良好，應該比較容易觀察。

小型鳥類聚集成群，許多山野的鳥也來到平地。水邊的雁鴨變得相當熱鬧。

※冬天樹葉掉落，容易看見樹林裡的鳥兒，水邊也比較多度冬雁鴨，特別推薦入門者在這個季節賞鳥。

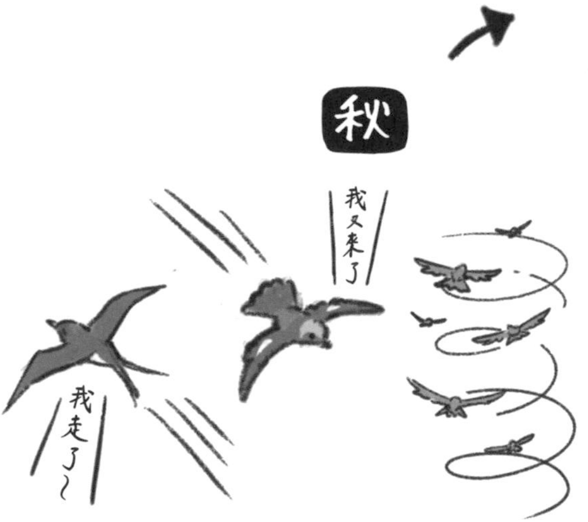

這個季節除了部分鳥兒之外，逐漸難以聽到鳴唱聲。鳥兒經常吃樹木的果實。冬候鳥飛來，夏候鳥飛去。比春天容易看見鳥兒成群結隊移動，譬如蒼鷹群盤旋上升形成的「蒼鷹柱」。

審訂註：「蒼鷹柱」在台灣較為罕見。

找出鳥兒的秘訣

都市區

看不見鳥兒的時候，或許可以揣摩鳥兒的心境來尋找。牠們常在比較顯眼的樹梢、適合玩水的水邊、結出美味果實的樹木等地唱歌，只要稍微留意這些地方，就能大幅增加發現鳥兒的機率。多累積這種預測與發現的經驗，就能磨練出尋找鳥兒的眼光。

就像上一頁提到的，容易發現鳥兒的季節是冬天。這個季節也有從山區降遷平地的鳥（漂鳥）。即使同樣都在自己周遭，也能看到更多的種類，因此不妨多留意一下。

審訂註：多數山區鳥類在冬天時，遷徙到較溫暖且食物較多的平地來過冬，這個現象稱為「降遷」。

公園

樹上
樹梢
枝幹
植被
草叢
草地

水邊

突出的樹枝
岸邊
水面
石頭或木樁上

審訂註：「漂鳥」為日文專有名詞，除了指從山區降遷到平地度冬的鳥類，也包括在日本國內緯度遷徙的鳥類，例如從北海道遷徙到九州。

賞鳥必須注意的禮貌

人與鳥（自然）的禮貌問題

長時間觀察築巢中的野鳥，
會使牠們放棄築巢。

因為想要拍照而靠得
太近，把鳥兒嚇跑。

此外，一群人觀察築巢中的野鳥，還可能導致鳥蛋或雛鳥被蛇與烏鴉等掠食者吃掉。

賞鳥是輕鬆、任何人在任何地方都能從事的興趣，但因為對象是野生動物，還是有必須注意的地方。有時候也可能與同樣來賞鳥的人起衝突。

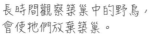

最近這種賞鳥的「禮貌」經常成為問題。拍出好照片、追隨少見的鳥，既有趣也有意義，但如果沉迷於賞鳥，也可能不知不覺就對周遭狀況視而不見。希望大家都可以小心留意周遭狀況。

不過，入門者不管再怎麼小心，都可能會稍微驚擾鳥兒。太過繃緊神經也無法享受賞鳥的樂趣。只要避免重大失

人與人的禮貌問題

大嗓門或動靜太大的人，可能會把別人也在觀察的野鳥嚇跑。

沉迷於觀察，無意間妨礙了一般人的通行。

不知不覺侵入私有地，造成土地所有者的困擾。

誤，至於小失敗就當成經驗，應用在下次的賞鳥活動中即可。多累積經驗，自然而然就能逐漸抓到人類與野生動物的距離。

前言

第1章 鳥兒也會來到人類周遭找食物 覓食 19

第2章 成功關鍵是死纏爛打？還是禮物攻勢呢？求偶行為 55

第3章 形形色色「溫暖的家」築巢・育雛 75

第4章 這是誰的聲音？為何有這樣的動作？ 叫聲・行為……99

第5章 鳥類的生態，還有許多有趣之處！

第 1 章

鳥兒也會來到人類周遭找食物

覓食

小碎步走動尋找食物！黑白相間的「便利商店鳥」

你曾在便利商店前面，看過一種黑白相間、尾巴小幅度上下擺動的鳥嗎？這種鳥因為常出現在便利商店或停車場，所以又被稱為「便利商店鳥」或「停車場鳥」，不過牠們真正的名字是白鶺鴒。這類鳥的英文也叫做「Wagtail」，意思是擺動（wag）尾巴（tail）的鳥。我們雖然不清楚白鶺鴒擺動尾巴的理由，但有研究發現，當牠們產生「警覺心」，防範天敵等危險時，尾巴就會頻繁擺動。生活在大自然中的白鶺鴒，棲息在草地、河邊、農地周邊等地方。

雖然白鶺鴒會在地上小碎步尋找食物，但也擅長飛翔捕食，能夠捕捉會飛的昆蟲。牠們也會靠近人類，覺得人類可能會給牠們食物吃。白鶺鴒擺動尾巴盯著我們看的樣子，彷彿在跟我們請求食物，相當可愛，但請不要隨意餵食。

相似的種類還有日本鶺鴒，但長相與叫聲都完全不同。日本鶺鴒也偶爾會出現在停車場之類的地方。

眼睛前後有
黑色的過眼線。
臉頰也是黑的
吱吱
唧唧
白鶺鴒
日本鶺鴒

白鶺鴒經常出現在便利商店前面或停車場，也會尋找人類掉落的食物碎屑，但請不要餵食。

鶺鴒的同類經常會上下擺動尾巴。

牠們吃人類掉落的麵包屑或聚集在燈光下的昆蟲。

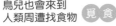

其實愛吃美乃滋！熱愛油滋滋的食物

巨嘴鴉從垃圾裡找出肥肉與洋芋片吃掉。也很喜歡美乃滋。

在自然界是把腐肉吃乾淨的清道夫。

巨嘴鴉應該是日本都市最常見的鳥類吧？其實牠的棲息範圍非常廣，就如同牠的英文名字「Jungle Crow」，從森林到都市都能看見牠的蹤跡。

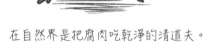

巨嘴鴉屬於雜食性。生活在大自然中的巨嘴鴉，吃昆蟲、乾果等各式各樣的東西。牠們尤其喜歡肉類等油滋滋的食物，所以被形容是偏向肉食的雜食性。牠們也經常吃動物的屍體，擔任自然界的清道夫（食腐動物）。

至於生活在都市的巨嘴鴉，則經常會尋找人類的垃圾來吃。在垃圾裡也同樣偏好肥皂也是油脂製成，所以有時候會被叼走。

高油脂食物（肥肉、洋芋片、美乃滋等），如果找到了就會開心地吃掉。這可能是因為油脂多的高熱量食物，很適合耗能高、代謝快的鳥類，牠們需要較多不影響飛行的低密度脂肪。

甚至還有觀察案例發現，烏鴉會把放在戶外洗手槽的肥皂帶走，相當令人驚訝。肥皂也是油脂製成，或許烏鴉覺得是食物吧？不過牠們不大喜歡肥皂，稍微啄走一些就放棄了。

人類總是會被烏鴉利用

把胡桃放在等紅綠燈的汽車前面，
讓汽車輾破果殼再吃。

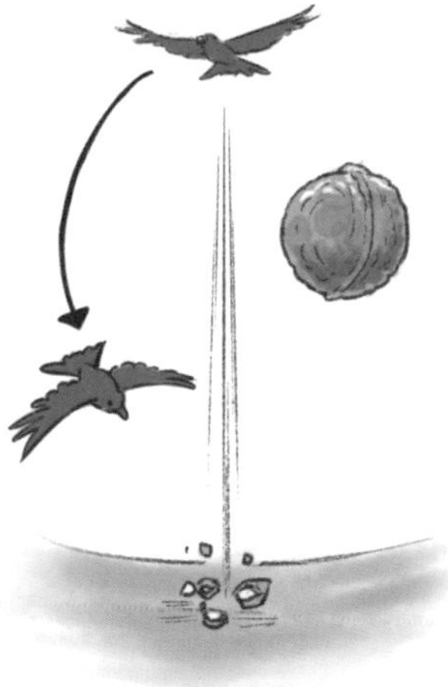

從上空把胡桃丟到堅硬的道路
上，把殼摔破。

海鷗也會把貝類摔破再吃。

大家都知道烏鴉是一群聰明的鳥，牠們在覓食的時候，也經常使用在其他鳥類身上看不見的高明技術。

譬如把胡桃或貝類摔破的行為。胡桃的殼很硬，就算是烏鴉，也很難把殼啄破。於是牠們就飛到高處，把胡桃摔到地上，把殼摔破再吃。如果摔不破，就多挑戰幾次。聽說牠們還懂得摔在堅硬的道路、或是河邊的石頭上。除了烏鴉之外，在海鷗身上也能觀察到從上空把貝類摔破的行為。

此外，也經常可以觀察到利用汽車輾破胡桃的烏鴉。牠們事先把胡桃放在汽車必經之路上，等車子輾破胡桃再吃。據說牠們還懂得把胡桃擺在因為紅燈而停下的汽車前面，而且就算輾破了也不會在綠燈的時候靠近，會等到下次紅燈時才飛下來吃。這個現象的第一件通報案例發生在日本東北地區，但現在也能在日本其他地區看到。

如果看見破得不自然的貝殼或胡桃掉在路上，說不定就是烏鴉幹的好事。

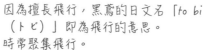

被盯上的是你……的食物！

因為擅長飛行，黑鳶的日文名「to bi（トビ）」即為飛行的意思。
時常聚集飛行。
黑鳶從人類背後飛過來。在部分觀光區，有些個體還學會搶奪人類的食物。

「嗶―咻囉囉……」黑鳶經常邊發出這樣的鳴聲，邊悠哉地盤旋。黑鳶擅長飛行，英文稱呼牠為「Black Kite」。大家熟悉的「老鷹」是俗稱，標準和名是「黑鳶」。

黑鳶雖然屬於大型猛禽，但個性文靜，不會積極狩獵，經常吃虛弱的小動物或屍體，和烏鴉一樣都是自然界的清道夫（食腐動物）。也經常可以看到黑鳶被瞧不起牠的烏鴉追

注意黑鳶
搶走食物之後，
就迅速飛走了。

趕，讓人莫名地討厭不起來。

即使黑鳶這麼溫和，在人群大量聚集的觀光區也必須小心牠。日本有句俗話是這麼說的「油豆腐被黑鳶搶走了」，意思是一個不注意，重要的事物就被別人搶去。

黑鳶會仔細觀察人類，從背後掠奪人類的食物，這樣的狀況經常發生在沿海的觀光區。雖然黑鳶沒有攻擊人類的意思，但畢竟是大型猛禽，被牠的爪子抓到難保不會受傷。在黑鳶多的沿海，最好避免一個不注意就在野外把食物拿出來。

審訂註：黑鳶在日本相當常見，但在台灣則否。在台灣，除了稱之為「黑鳶」之外，早年也有人稱牠們為「老鷹」。在日本，會給鳥類一個通用日文俗名，稱為「標準和名」。

鮮花當然比不上美食！為了取蜜辣手摧花

叼花瓣的麻雀。

櫻花綻放的三至四月左右，許多日菲繡眼與棕耳鵯等鳥兒為了吸取花蜜，來到櫻花樹上。麻雀雖然也來了，但牠們的鳥喙太粗太短，舌頭也不是特別纖細，所以無法順利吸取花蜜。

但麻雀仍不放棄，使出了辣手摧花的手段。牠們竟然把花瓣拔下，從花萼的部分取蜜。或者就算不拔下花瓣，也會在花萼的部分打洞，從這個小洞吸取。

白頰山雀與外來種的紅領綠鸚鵡等，也會出現類似的「盜蜜」行為。到了櫻花盛開

被盜蜜的花。掉落的不是花瓣，而是整朵花。

櫻花的蜜腺（剖面圖）

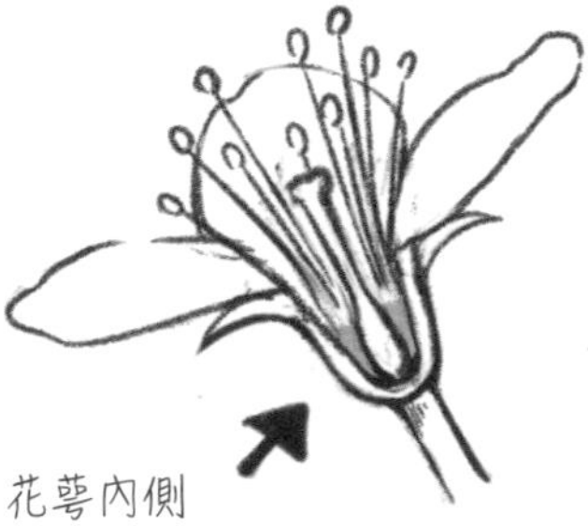

花萼內側有管子

的時期，可能會有被不自然拔下的花朵掉落。仔細觀察這些掉落的花，說不定也很有趣。

　鳥喙與舌頭大致會像下一頁介紹的日菲繡眼那樣，演化成適合主要食物來源的結構。但也經常有一些個體就如有辦法盜取花蜜的麻雀那樣，克服天生障礙，靠著一些方法取得成功。

　對櫻花而言，盜蜜的麻雀或許是個困擾，但牠們堅強的生活態度，也值得人類學習。

留在山茶花上的謎樣小洞與抓痕

攀住山茶花的日菲繡眼。

日菲繡眼非常喜歡花蜜。為了方便直搗花朵蜜腺，牠們的鳥喙又細又長，舌頭則是像吸管一樣的管狀結構，末端呈現刷子狀。牠們的身體，彷彿是為了吸花蜜才演化成這樣的構造。

日菲繡眼以長長的爪子抓住花朵與花朵周圍，用舌頭舔取花蜜。牠們的體型嬌小，體重也輕，能輕易攀附在山茶花瓣這樣的物體上。牠們在這時

日菲繡眼的舌頭呈現刷子狀。

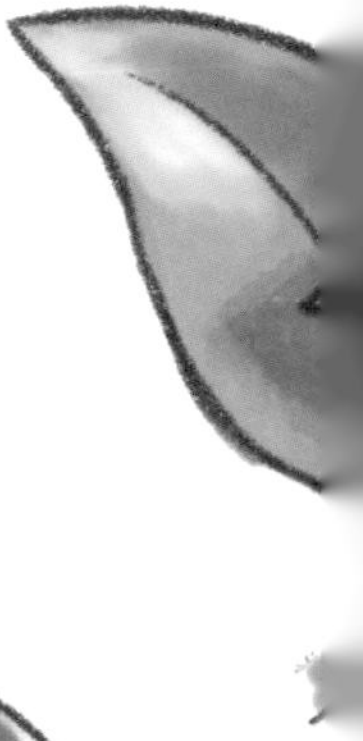

棕耳鵯也會吸取花蜜，在嘴巴沾上花粉。也會舔食果汁與樹液。

山茶花上的小洞與傷痕是日菲繡眼的爪痕。

會用爪子抓住花，所以在花瓣留下小洞與傷痕。

牠們造訪櫻花、梅花、辛夷、杜鵑、蘆薈、枇杷等各式各樣的花朵，尤其在冬天經常找上山茶花。

日菲繡眼在吸完山茶花蜜後，嘴巴常會沾上花粉。很多花朵的花粉都靠風與昆蟲傳播，但也有像這種依靠鳥類傳粉的「鳥媒花」。冬天的昆蟲較少，對於冬天開花的山茶來說，日菲繡眼就是幫忙傳粉的好幫手。而日菲繡眼也能在食物較少的冬天攝取花蜜，所以彼此的關係可說是雙贏。

好奇心旺盛的鳥，花瓣、葉子通通吞下肚

喜歡花蜜。經常出現在山茶花與櫻花樹上，有時候連花瓣都會吃掉。

剛開始賞鳥的人，繼麻雀、烏鴉、鴿子之後，接下來認識的通常都是灰椋鳥（第八十二頁），不然就是本頁介紹的「棕耳鵯」。棕耳鵯會發出「嗶─呦嗶─呦」的聲音大聲鳴叫，所以也常會有人問「這是什麼聲音？」

棕耳鵯屬於雜食性，昆蟲、果實、種子等都吃，有時甚至會把意想不到的東西吞下肚。

舉例來說，原本以為牠們要吸山茶花的花蜜，結果卻突然開始吃花瓣，或者也吃虎皮楠的葉子，在鳥類當中也特

冬天吃葉菜的棕耳鵯。對農民來說是個困擾。

棕耳鵯啄食葉子所留下的痕跡。被毛毛蟲吃掉的痕跡會呈現圓弧狀，被鳥吃掉則呈直線狀。

留在蝴蝶翅膀上的啄痕。這是被鳥啄食的痕跡。

別喜歡亂吃東西。冬天還會吃葉菜，造成農民的困擾。被牠們啄食的葉菜，特徵是留下和被毛毛蟲吃掉時不同的直線狀痕跡。這樣的痕跡稱為「啄痕（beak mark）」，在被鳥啄食的蝴蝶翅膀上也能看到。

棕耳鵯能夠邊飛邊捉蟬，也能靈巧地吸取小花的花蜜，非常擅長覓食，所以飲食並不匱乏。

牠們似乎只是單純基於好奇心旺盛，而貪吃嘗試各種食物。或許就是因為這樣，棕耳鵯才能如此「鳥丁興旺」吧！

大量散落的羽毛！到底是誰幹的好事

拔除獵物羽毛的蒼鷹。和貓咪不同，羽毛被完整拔下。

公園草叢等隱密的地方，有時候會有大量羽毛散落一地。這是蒼鷹襲擊鳥類所遺留的痕跡。蒼鷹會拔下捕獲的獵物的羽毛，所以處理完畢後就會有大量羽毛留在現場。貓咪有時候也會襲擊鴿子，但不會像蒼鷹一樣拔得那麼漂亮，而是會折得七零八落。蒼鷹則是會把羽毛一根根完整拔下來，所以羽軸的部分完好如初。

都市近郊經常可以看到被蒼鷹襲擊的鴿子（尤其是野鴿，第五十六頁）羽毛。蒼鷹在過去曾是瀕臨滅絕的鳥類，但近年來數量增加，在生活周遭看

野鴿的羽毛

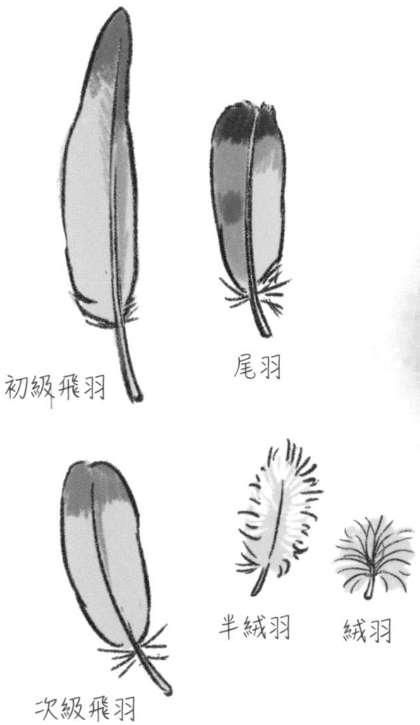
初級飛羽
尾羽
次級飛羽
半絨羽
絨羽

現場散落的羽毛多到驚人，羽軸完整地被保留下來。都市近郊經常可以看見野鴿的羽毛。獵物本體多半會被蒼鷹帶走，不會留在原地。

遭到貓咪或黃鼠狼襲擊而掉落的野鴿羽毛，羽軸通常會被折斷。

見牠們的機會也變多了。尤其到了冬天，在山區繁殖的蒼鷹也來到平地，所以在這個季節特別容易發現牠們的蹤影。

至於羽毛散落的現場，似乎是蒼鷹「處理」獵物的場所，能吃的部分基本上會被牠們帶走。

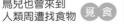

可憐的麻雀與青蛙被串掛起來的理由

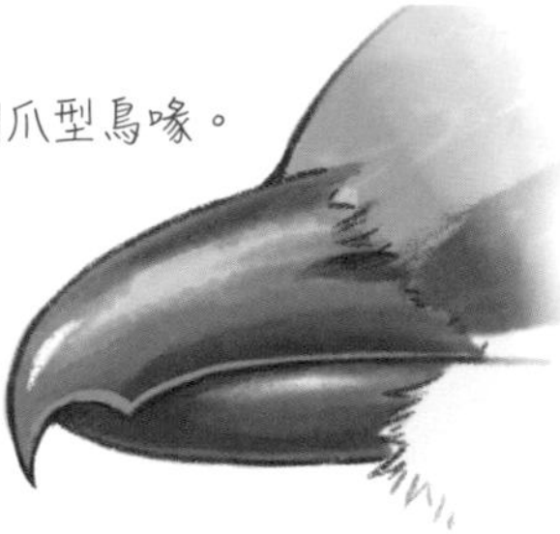

鉤爪型鳥喙。

在帶棘刺的樹木串掛小動物的紅頭伯勞。

「吱嘰吱嘰吱嘰……！」

在其他鳥類不大鳴叫的秋天，有一種鳥會發出響亮的叫聲，那就是紅頭伯勞。想必也有很多人知道，紅頭伯勞會做出一種在其他鳥類身上看不到的奇特行為——「串掛」。

在紅頭伯勞出沒的地方附近，如果有帶刺鐵絲或是帶棘刺的樹木，不妨找找看，說不定能夠發現被串掛起來的可憐小動物或昆蟲。

不管是昆蟲、蜥蜴、青蛙等小型生物，還是麻雀、老鼠等體型和紅頭伯勞沒有差多少的大型生物，都會被紅頭伯勞

串掛的食物不多的公鳥。
缺乏求偶的能量。
大嚼特嚼
好帥！
儲存許多串掛食物，在繁殖期前大飽口福的公鳥。
唱歌變好聽，提高配對成功的機率。

串掛起來。甚至連小烏龜都成為串掛的對象。

「串掛」的理由有各種說法，譬如儲存食物，或者宣示領域等。近年的研究發現，串掛的主要理由之一是公鳥的求偶活動。公鳥在進入繁殖期時，透過吃掉大量串掛的食物，唱出響亮的歌聲。

秋至冬季是容易看見串掛的時期。在紅頭伯勞的領域周圍尋找串掛，說不定也很有趣。

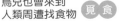

如果在地面看到蟲子支離破碎的屍體……

褐鷹鴞。春天來到日本、朝鮮半島與中國繁殖，秋天朝著東南亞飛去。

褐鷹鴞與長尾林鴞

褐鷹鴞全長不到三十公分，主要吃昆蟲類。長尾林鴞全長約五十公分，主要吃小型哺乳類與小鳥。

如果在綠葉茂密的四至五月，來到低山散步健行，可能會在山路上看到支離破碎的昆蟲。要是只留下堅硬的翅膀與外殼，犯人想必就是褐鷹鴞。褐鷹鴞和日本的夏候鳥長尾林鴞是同類，都是鴞形目的貓頭鷹。

但一般長尾林鴞獵捕的是老鼠與小鳥，而褐鷹鴞比長尾林鴞小上一圈，主要獵捕昆蟲。

飛來日本的初期，似乎常吃大水青蛾之類的大型蛾類，有時只有不容易食用的翅膀掉落在地。到了夏天，則常吃獨角仙與鍬形蟲等甲蟲類，只留下堅硬的外殼支離破碎地掉在地上。如果在案發現場的上方，有看起來適合休息的棲木，就可能是褐鷹鴞幹的好事。

褐鷹鴞喜歡有樹洞的大樹所在的環境，有時也會來到村里附近的神社。只不過牠們屬於夜行性，白天幾乎都在樹上睡覺，很難發現牠們的身影，但在初夏前往郊山附近的神社散步時，說不定能夠發現牠們用餐後的痕跡。

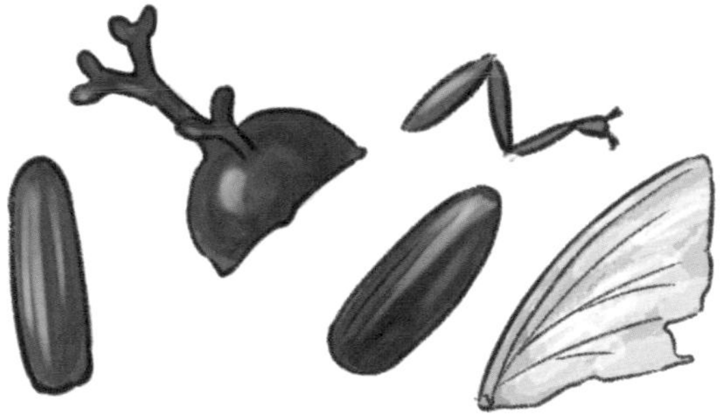

在住家附近的神社等場所，也能看到被褐鷹鴞啄得支離破碎的獨角仙與蛾的翅膀。

棲息在公園水池，看起來像「竹筍」的鳥

倒立覓食的尖尾鴨（右邊是母鴨，左邊是公鴨），以及擅長潛水的鳳頭潛鴨與小鸊鷉。

你有沒有在公園的水池看過屁股朝天、像在跳水上芭蕾一樣的倒栽蔥鴨子呢？牠們豎立在水面的屁股，常被比喻成「竹筍」，可愛的模樣在賞鳥人之間也很受歡迎。這些變成竹筍模式的鴨子，到底在做什麼呢？

看來這些鴨子似乎是在吃池裡的水草。有些種類的鴨子擅長潛水，有些則不擅長，後者經常以「倒立覓食」的姿勢

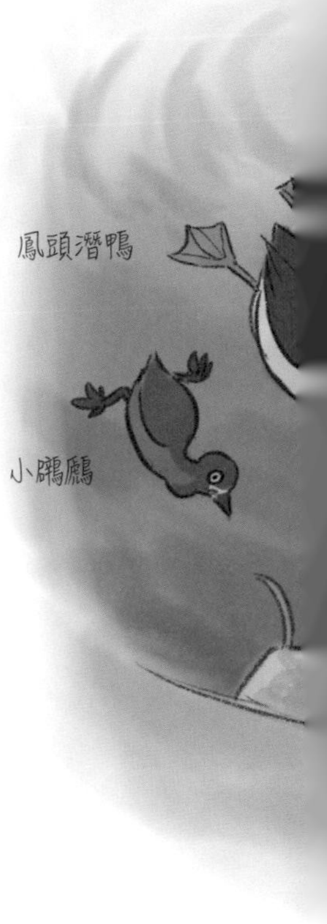

屁股露出水面倒立的樣子，看起來就像竹筍。

取代潛水。除了雁鴨之外，在天鵝類、雁類等水鳥身上也能看到這樣的行為。

明明去到岸邊就有食物，卻不惜倒立也要在水域覓食，這或許是因為水域對鳥類而言依然是個安全的場所吧？

在冬天時，許多水鳥都會來到池塘，也是容易觀察到鴨子倒立的時期。尤其尖尾鴨的脖子長，容易吃到水草，所以經常倒立覓食。

觀察冬天從池塘裡長出來的「竹筍」，說不定也是一件有趣的事情。

審訂註：不擅長潛水的野鴨，稱為「浮水鴨（dabbling ducks）」，例如小水鴨和尖尾鴨；擅長潛水的則稱為「潛水鴨（diving ducks）」，例如潛鴨和秋沙。

在同一個地方繞圈圈的鴨群，到底在幹嘛？

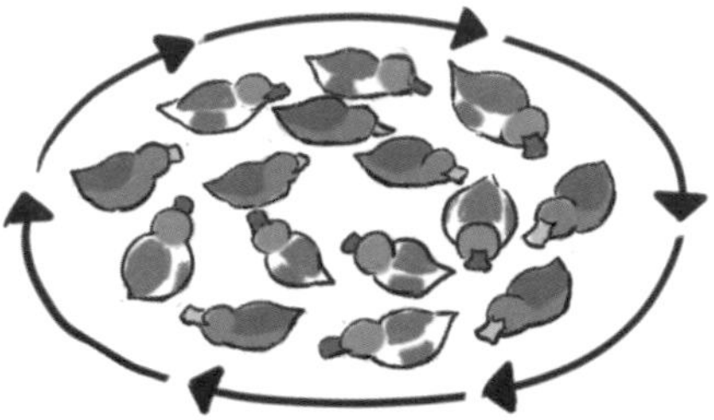

琵嘴鴨的漩渦覓食。牠們經常成群結隊繞圈圈。

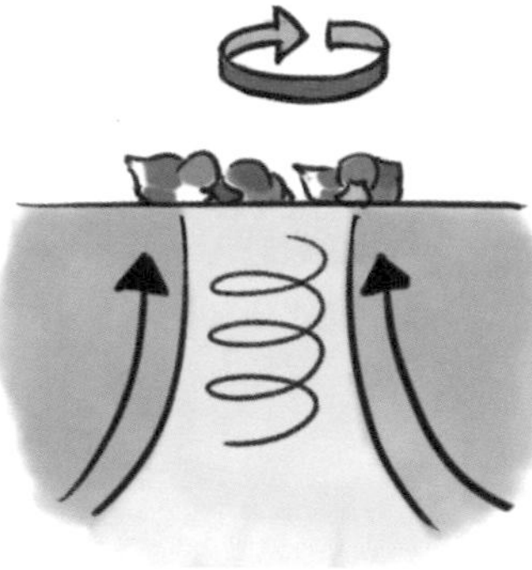

據推測可能是為了形成漩渦，把浮游生物捲到接近水面的地方……

到了冬天，經常可以看到嘴巴邊開開闔闔，邊朝著相同方向繞圈圈的鴨群。牠們的嘴巴又寬又大，所以叫做「琵嘴鴨」。寬大的嘴巴形狀像鏟子，英文名字就叫做「Shoveler」。

琵嘴鴨用牠們的大嘴巴撈起池水，再透過像梳子一樣突起的「板齒」將水排出，過濾出浮游生物，藉此取得食物。

那麼，成群結隊繞圈圈的

將水撈起，吃掉被板齒過濾出來的浮游生物。

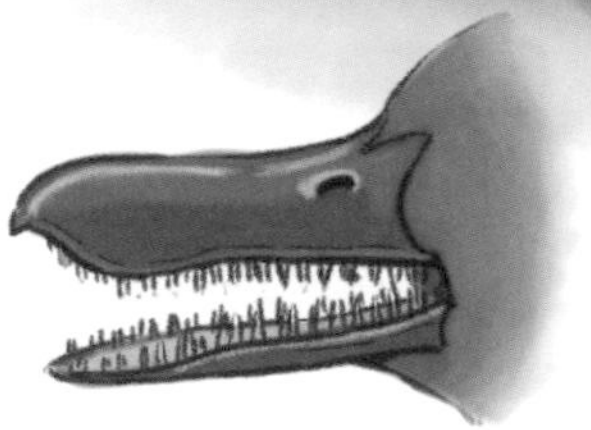

鳥類沒有牙齒，但鴨類有稱為「板齒」的梳子狀突起物。

琵嘴鴨，到底是在做什麼呢？繞圈圈的琵嘴鴨有時只有兩隻，有時多達五十隻左右。這些琵嘴鴨轉呀轉呀轉地繞個不停，有時順時針繞，有時逆時針繞，顯然是有組織的團體行為。

這個行為稱為「漩渦覓食」，其實人類至今仍不清楚其確切意義。有一說認為，這可能是為了在水中形成漩渦，把牠們的食物如浮游生物捲上來。

用腳「唰唰」踢水草，捉起嚇跑的魚

用腳尖唰唰地踢水草，把魚趕出來。

小白鷺迅速捉住想要逃跑的食物。

人類也會唰唰地踢。

漣漪漁法。掀起漣漪，讓魚以為是蟲子掉落。

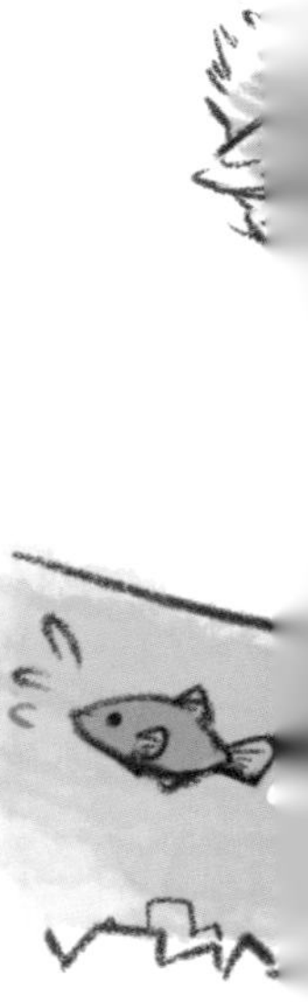

你聽過「唰唰」這種捕魚的方法嗎？就算沒聽過，應該也有不少人童年到河邊玩耍時，曾用這種方式捉過魚。「唰唰」指的是拿著網子在岸邊準備，用腳「唰唰」地踢水草或河底，把跑出來的魚趕進網子裡。在魚類調查的領域，會使用稍微艱澀一點的稱呼，叫做「kick-sampling」。

小白鷺也會用類似的方法捕魚。牠們先用腳尖「唰唰」地攪動水底，再捕捉想要逃跑的魚與小龍蝦等生物。這可說是擁有長腳趾、長脖子與尖銳嘴喙的鷺科才有辦法執行的技術。

除此之外，小白鷺也會用嘴喙輕啄水面掀起漣漪，讓魚以為是食物（蟲子）掉落水面而靠近，趁機把魚捉起來，這種方法稱為「漣漪漁法」。或者也會找上釣客乞食，稱為「乞食漁法（？）」。小白鷺運用智慧，用少許勞力就能獲得食物，讓人不禁感到佩服。

擬餌釣的好手！精通擬餌的使用

綠簑鷺使用的擬餌。
葉子、花瓣、昆蟲……等等。

人類釣魚的時候，會把魚餌串在釣鉤上。這時除了使用活餌之外，也會使用擬餌。擬餌省去了更換釣鉤上餌食的麻煩，討厭活餌的人也能享受釣魚的樂趣。

其實有些鳥類也會使用類似擬餌釣的方法捕食。懂得使用這個方法的是鷺科，尤其夜鷺與綠簑鷺更是有名的擬餌捕食好手。

這些鳥類，首先會找來葉片、花瓣或小樹枝等，放在水面上漂浮。接著偶爾輕啄一下這些擬餌，使其晃動，看起來就像有生命……當魚以為是

水裡的魚以為是自己的
食物而靠近水面。

綠簑鷺與夜鷺的差別

綠簑鷺的眼睛偏黃色。每一根羽毛的邊緣都是白色，看起來就像簑衣（名字的由來）。

夜鷺的眼睛偏紅色。

食物而靠近時，就一口把魚吞掉！牠們不只使用擬餌，有時也會使用真正的蟲子。

小白鷺的漣漪漁法也是同樣的道理。鷺科不會為了覓食追趕獵物，牠們原本就屬於「守株待兔」的類型。平常不大活動，當獵物靠近時才用長長的脖子與嘴喙迅速捕捉。牠們或許是為了提高狩獵效率，才學會擬餌釣的技巧。

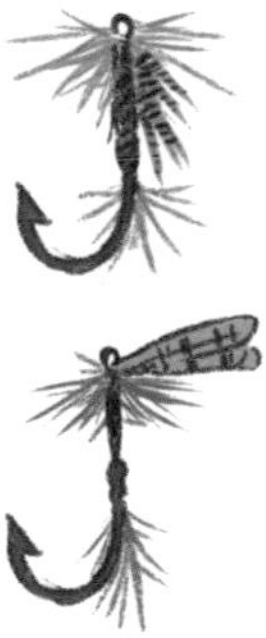

人類使用的擬餌
（飛蠅）

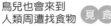

遠比頭還大的食物也「囫圇吞下」

嘴巴末端的形狀像鉤子，
捉住魚就不會掉。

日本用「鵜吞」形容沒有充分理解別人的話就照單全收的行為。而「鵜」指的是鸕鷀或丹氏鸕鷀等鸕鷀類的鳥。

鸕鷀是在河川或池塘隨處可見的水鳥，觀察牠們捕獵的行為，就能理解這個詞彙的由來。鸕鷀與丹氏鸕鷀會潛入水中捕魚來吃，但不管獵物多大，都能一口囫圇吞下。

有時候就算是比自己的頭還要大一倍的大型鯉魚，也能熟練地調整魚的方向，抬頭望向天空，將嘴巴到食道拉成一直線，把魚整隻吞下肚。

把這麼大的獵物整隻吞下

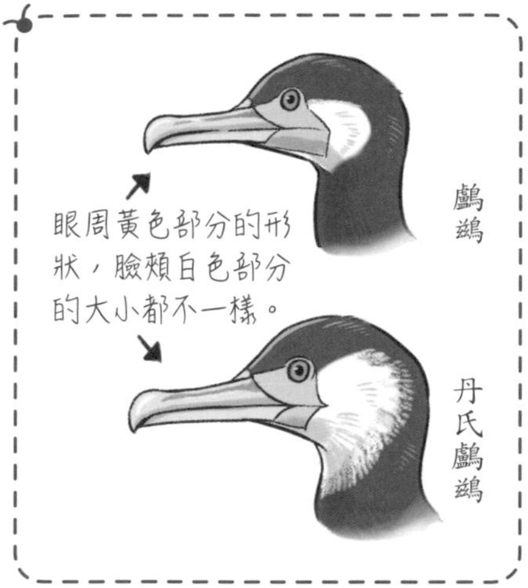
眼周黃色部分的形狀，臉頰白色部分的大小都不一樣。
鸕鶿
丹氏鸕鶿

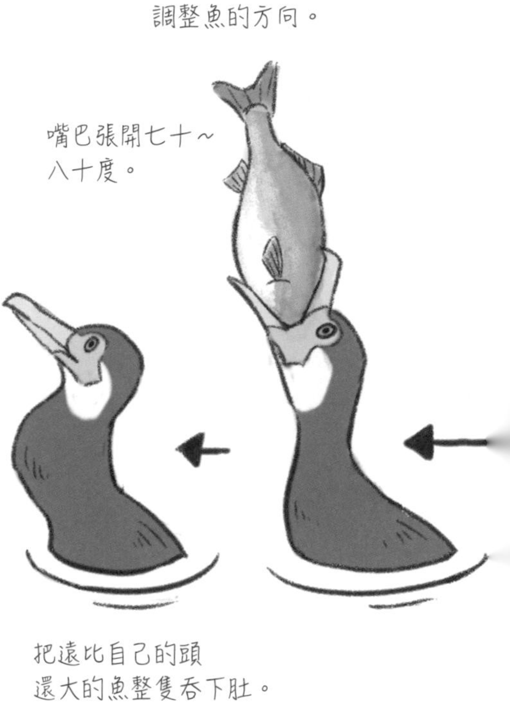
調整魚的方向。
嘴巴張開七十～八十度。
把遠比自己的頭還大的魚整隻吞下肚。

所謂的「鵜吞」
這得趕快去買！
某某東西對冠狀病毒有效！
NEWS
飛奔而去

去，難道不會吃壞肚子嗎？看到這幅景象難免讓人擔心，但鳥類原本就沒有牙齒，總之也只能吞進肚子裡再消化。這就是「鵜吞」的由來。

尤其在資訊爆炸的現代，假訊息不分晝夜漫天飛舞，大家必須小心，無論什麼訊息都不要像「鵜吞」一樣照單全收。這本書所寫的內容，幾年後也可能變成過時的資訊。雖然聽起來像是藉口，但希望大家可以搭配其他的知識與經驗運用。

像搭載魚雷一樣抓著獵物飛翔

腳尖外側的「第四趾」可動範圍很大。

說到猛禽，大家都會想到捕捉其他鳥類或哺乳類的猛禽，但也有專門捕魚的掠食者，那就是魚鷹。

魚鷹在湖泊與河川上空飛行覓食，一旦發現獵物就鎖定目標，從空中一口氣衝進水裡。如果順利捉到魚，就會往上飛，把魚帶回巢裡或是容易食用的地方。魚鷹帶著魚移動時的抓法非常特別，腳一前一後呈一直線，魚頭朝著前進的方向。這樣的姿勢看起來就像搭載飛彈或魚雷，所以又稱為「魚雷抓法」。推測牠們採用這樣的抓法，是為了減少空氣

採用魚雷抓法的魚鷹。

小型鳥類基本上用嘴巴叼著搬運。

黑鳶或鵰類即使抓到魚，基本上也不會採用魚雷抓法。

搭載魚雷的艦上攻擊機。

阻力。

魚鷹的腳趾帶有粗糙的棘刺，不僅能止滑，腳趾的可動範圍也大，即使採用魚雷抓法，魚也不容易掉下去。這或許可說是專門捕魚的掠食者特有的構造。

家燕低飛代表快要下雨？

濕度低（晴天）時飛得高。

濕度高（快要下雨）時飛得低。

俗話說「家燕低飛就會下雨」。

家燕幾乎都在空中生活，就連昆蟲也是邊飛邊捉邊吃。但如果低氣壓靠近，濕度變高，昆蟲也會莫名地在地面附近飛行。所以捕捉昆蟲的家燕，就會飛到比較低的地方，從這幅景象就能預測快要下雨。

像這種觀察自然預測天氣的行為，在日本叫做「觀天望

麻雀洗澡是晴天

麻雀或許覺得乾燥才跑去洗澡吧？

伯勞高啼七十五日

伯勞鳥在秋天開始尖聲啼叫。以前人認為，伯勞啼叫的七十五天後就會降霜，並依此判斷農務作業的時間。

氣」。現在可以透過電視與手機，得知更正確的天氣預報，但人們在天氣預報尚未發展出來的時代，就充分理解大自然，懂得透過觀測自然預測天氣。

其他還有許多與生物有關的觀天望氣，譬如「麻雀洗澡是晴天」、「青蛙鳴叫會下雨」、「蜘蛛網附著朝露會放晴」、「蜜蜂低飛下雷雨」、「蒲公英凋萎會下雨」等等。

知道這些諺語，不僅能讓生物觀察更有趣，說不定也有助於稍微預測天氣。

如果把鳥類的嘴喙
比喻成人類的工具？

日菲繡眼

嘴喙細長，舌頭呈刷子狀，
而且就像管狀的吸管一樣，
方便吸取花蜜。

蒼鷹

猛禽的嘴喙，為了方便把肉
撕開，就像小刀一樣銳利。

第 2 章

成功關鍵是死纏爛打？還是禮物攻勢呢？

求偶行為

鴿子的求偶很煩人① 脹起喉嚨求關注

求偶中的野鴿，會脹大喉嚨、挺起胸膛、張開尾羽，讓身體看起來變大。而且還會上下點頭，踏著步伐。

我們平常最常看到的鴿子種類是「野鴿」。野鴿在原生地的族群稱為「原鴿」，後來成為家禽（賽鴿或傳信鴿等），而後再次野生化，身世有點複雜。

野鴿在公園、路邊、車站月台等到處都能看到，也一年到頭都在繁殖，所以能夠觀察到牠們的求偶行為。

野鴿的求偶行為非常特殊。公鴿會脹大喉嚨，把尾羽張開，讓體型顯得龐大。接著以這樣的狀態，像跳舞一樣轉圈，邊上下晃動頭部，邊在母鴿身旁糾纏不休，拚命展現自

鴿子的求偶很煩人
別開頭
拋媚眼
煩死了
再出現
別開頭
真的好煩
也會求偶餵食

己。就算母鴿對牠沒意思，專心吃著自己的食物，公鴿也會毫不在意地繼續追求。如果母鴿覺得「這個男的好煩」，想要離開現場，公鴿依然會迅速繞到她面前繼續追求。要是母鴿覺得「煩死了！」想要逃往別的方向，公鴿還是會鍥而不捨追上來繼續求愛。

不管被甩開幾次都繼續跟上……。這種糾纏不休的程度，如果是人類大概會被警察帶走吧！

鴿子的求偶很煩人②
一次又一次低頭懇求

公鳥不斷地上下擺動頭部。

金背鳩雖然不像野鴿那樣隨處可見，但也是一種在周遭常見的鴿子。而金背鳩的求偶，也像鴿子一樣煩人。

公鳥靠近母鳥後，就把喉嚨脹大，上下擺動頭部，對母鳥猛烈追求。就算母鳥覺得討厭而後退，公鳥仍會進一步接近母鳥繼續求愛。公鳥上下擺動頭部的樣子，就像不斷地低頭懇求一樣。

如果母鳥受不了煩人的糾纏而飛走，公鳥也會追上去，在停下來的地方再度開始求愛。母鳥再度逃跑……公鳥再度追上……母鳥逃跑……。這

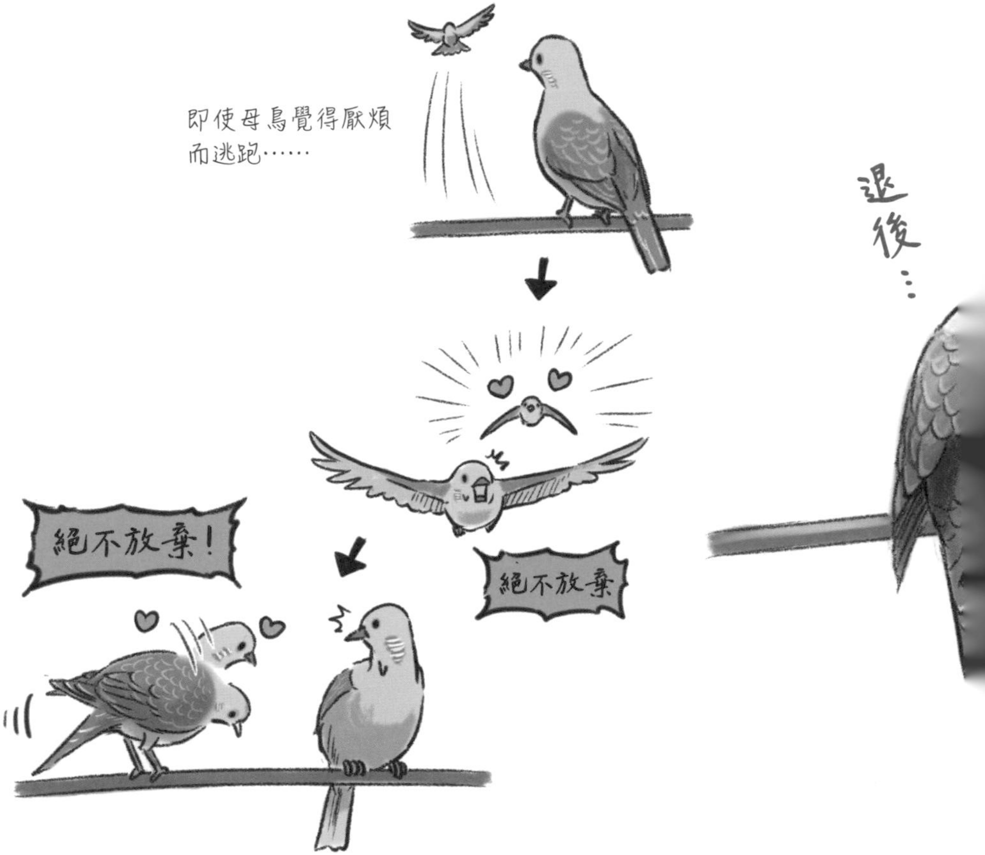
即使母鳥覺得厭煩而逃跑……
退後……
絕不放棄！
絕不放棄

樣的執著真是驚人。

不管是野鴿還是金背鳩，都會先經過公鳥煩人的求偶，到了雙方都接納彼此的階段，才開始彷彿孕育愛苗般相互理羽（下一頁）與求偶餵食。接著母鳥放低姿勢，催促公鳥交配，公鳥回應母鳥騎到她身上後，才交配完成。

最近在人類的世界，似乎愈來愈多對戀愛消極的「草食系男子」，就這點來看，鴿子的積極性（？）或許也有值得學習的地方。

感情好到卿卿我我互相理羽

日菲繡眼互相理羽

鳥類平常都自己理羽，但在彼此信賴的伴侶之間，也能看到牠們互相理羽的樣子。

日菲繡眼與伴侶之間感情非常好，經常可以看到牠們互相理羽的光景。

兩隻鳥兒緊緊相依，舒服地讓對方理羽的情景，讓人忍不住露出微笑。

這種互相理羽的行為，在所有鳥類身上都能看到。至於周遭的鳥類除了日菲繡眼之

烏鴉互相理羽

金背鳩互相理羽

外，在金背鳩、巨嘴鴉等身上也容易觀察到。

互相理羽不僅能夠加深與伴侶之間的感情，也能防止寄生蟲。頭部、脖子等自己較難理羽的地方，就讓伴侶幫忙把寄生蟲捉走。而互相理羽的部位，實際上也集中在頭部與脖子。換句話說，理羽可不單純只是在打情罵俏。

關心對方的健康，或許才能真正深化與伴侶之間的感情。不過打得火熱的日菲繡眼，看在人類眼裡也有點害羞呢！

高瞻遠矚的雌性
根據禮物品質評斷雄性

雄性（男性）贈送禮物給雌性（女性）的行為，不只出現在人類身上，在其他動物身上也很常見。繁殖期的公翠鳥，會為了討好母翠鳥而獵捕食物送給她。這樣的行為，在動物學上稱為「求偶餵食」。

禮物的品質對母鳥而言很重要。畢竟捉不到獵物的沒用公鳥，也可能在育雛的時候失敗。母鳥評斷公鳥具備育雛能力後，收下自己喜歡的禮物，才能成功配對。公鳥雖然為了討母鳥歡心，費盡千辛萬苦捉來食物，但母鳥賭上的是自己與孩子的命運，所以有時也會冷淡以對。

附帶一提，很多人誤以為翠鳥只能生活在乾淨的河川，但近年來也經常在都市地區的臭水溝看到。

翠鳥是適應都市的鳥類，甚至也有在排水孔深處繁殖，在臭水溝捕捉外來魚與美國螯蝦等的案例。

俗稱「水畔寶石」的翠鳥已經不再高不可攀，現在出乎意料地在身邊就能看到。

翠鳥的求偶餵食。公鳥帶來魚類等食物。母鳥評斷禮物的品質。

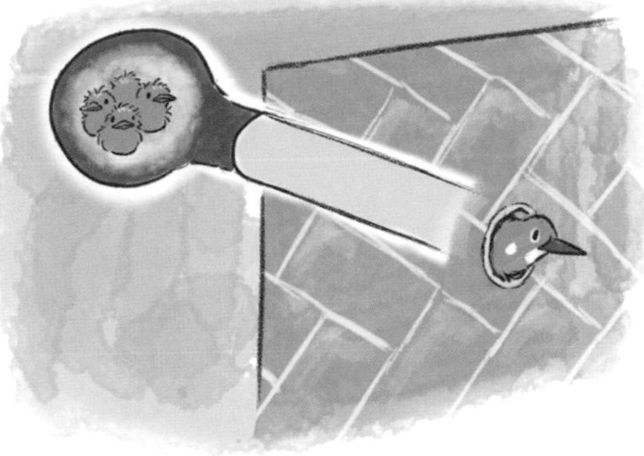

翠鳥不只生活在乾淨的溪谷與湖畔，也會在水泥建造的河堤排水孔等地方繁殖。

舉例：棲息在城市裡的翠鳥的食物

羅漢魚
長臂蝦
蜻蜓
美國螯蝦
藍鰓太陽魚的稚魚
黑鱸魚的稚魚

「啵呿啾」有兩種，情歌比較高亢

鳴叫時脹大喉嚨。

春天經常可以聽到「啵——……啵呿啾」的鳴唱聲。雖然很少人看過聲音的主人，但如果只有聲音，應該任何人都曾聽過。聲音的主人想必就是全日本最容易聽到鳴唱的小鳥——日本樹鶯。

其實日本樹鶯「啵呿啾」的歌聲不只一種。鳥鳴除了求偶之外，還能宣示領域，有時甚至具有通知「敵人接近」的作用。大致來說，現在已經知道日本樹鶯的「啵呿啾」有兩種模式。

一種是H型（High，高亢的意思），主要是公鳥對母領域的中心常聽到H型，周圍常聽到L型。

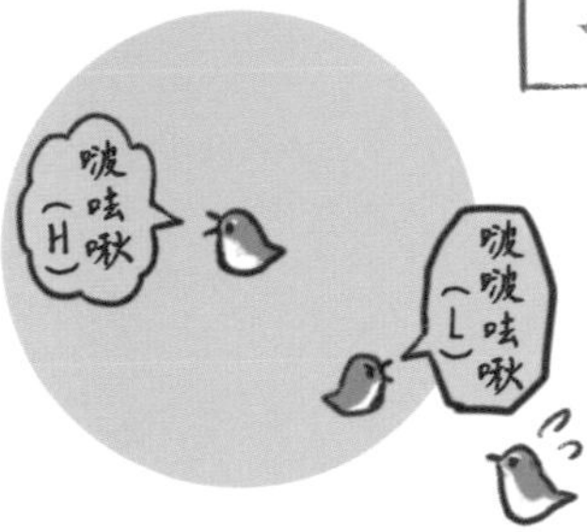
啵咕啾（H）
啵啵咕啾（L）

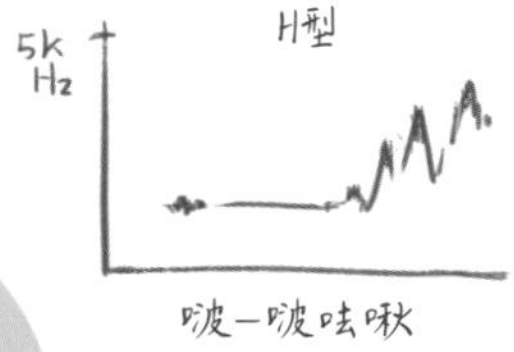
5kHz
H型
啵—啵咕啾

求偶的時候

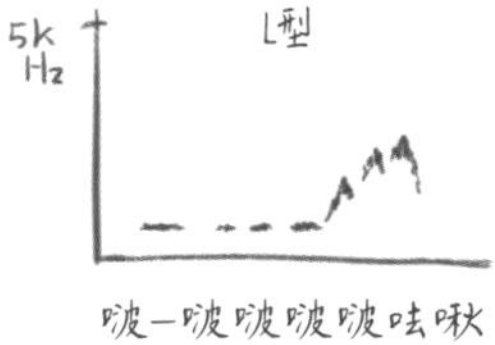
5kHz
L型
啵—啵啵啵啵咕啾

宣示領域的時候

咕啾
咕啾

啁啾低鳴。主要在冬天，無論公鳥母鳥，都會在樹林中小聲鳴叫。

啁啾
啁啾
啁啾

黃鶯出谷。雄鳥在繁殖期時會邊鳴叫邊移動。一般認為是警戒的聲音。

鳥求愛時的歌聲。另一種是L型（Low，低沉的意思），主要是宣示領域時的鳴叫。H型是優美高亢的聲音，L型則在「啵咕啾」前稍微有點斷續，聽起來像「啵——……啵啵啵啵咕啾」，而且有點沙啞。

鳥類的聲音溝通仍有許多謎團，說不定牠們的叫聲還有更多種區別。而且現在也發現，日本樹鶯的叫聲還有類似方言的地域性。牠們一天會叫兩千次以上，如果仔細聽，就能聽到各種不同的「啵咕啾」。

吸引女生注意的方法可不只叫聲

綠雉鳴叫之後，拍打羽毛發出重低音，稱為「母衣拍擊」。

許多種類的公鳥，都靠著鳴唱吸引母鳥注意，但有些種類的鳥，也會靠著其他「聲音」展現自己。

譬如綠雉。綠雉在發出「嘰―嘰―」的叫聲後，還會發出「咚咚咚咚！」的重低音。這個神秘的聲音，其實是拍打羽毛發出來的。這樣的行為在日本也被稱為「母衣拍擊」，目的可能是為了宣示領域，或是吸引母鳥注意。「母衣」指的是縫在武士盔甲後方的大片布幔。這想必是因為綠雉拍打羽毛的樣子，讓人聯想到母衣隨風獵獵飛舞，所以才

母衣指的是縫在武士的鎧甲與頭盔後方的大片布幔。具有防範背後冷箭的效果。
啪嗒啪嗒
咚咚咚咚
嗒
啦啦啦啦啦！
喀嗒
喀嗒

小星頭啄木的敲擊聲　　東方白鸛的擊喙聲

有「母衣拍擊」這樣的形容。

　春天在河畔散步，常會聽到「嘰—嘰—」的叫聲與「咚咚咚咚」的母衣拍擊聲。從橋上或河堤上尋找聲音的主人，應該也很有趣。而在同屬雉科的銅長尾雉身上也能看到母衣拍擊的行為。

　啄木鳥則透過高速敲擊木頭發出的「擊鼓聲」來展現自己。東方白鸛則利用嘴喙開闔發出擊喙聲。鳥類具有透過各種聲音溝通的手段。

外表決定一切？頸部的紅色是關鍵

家燕公鳥的頸部愈紅愈受歡迎。

在人類的世界裡，大家常說「外表決定一切」。人類還能花時間認識彼此的內在，但對於每天都是生死關頭的野生動物來說，可沒有閒工夫慢慢交往。所以從外表得到的資訊還是很重要。

雄性受歡迎的關鍵依生物種類而異。以夏天飛來日本的家燕為例，根據研究發現，頸部的紅色部分就是其中一項判斷標準。紅色部分的面積愈

麻雀公鳥的黑斑愈鮮明愈受歡迎。

白頰山雀公鳥的領帶花紋愈粗愈受歡迎。

大、愈鮮艷的公鳥愈受歡迎。

但同樣都是家燕，歐洲的家燕重視的卻是尾羽長度，而美國的家燕則重視腹部的紅色。由此可知，即使是相近的物種，受歡迎的關鍵仍有些許不同。

至於其他鳥類，現在已經知道，麻雀是臉頰黑色的部分愈大、愈鮮明愈受歡迎，白頰山雀則是腹部的領帶花紋愈粗愈受歡迎。

這些受歡迎的關鍵，站在人類的角度來看都充滿問號，但看在雌性動物眼裡，說不定很有魅力。

鳥類的交配一眨眼就結束

麻雀公鳥的屁股彎曲，邊拍動翅膀取得平衡，邊對準彼此的泄殖腔。
麻雀母鳥的尾羽錯開。

大家看過鳥類交配嗎？因為非常快就結束，或許很多人就算看過也不會知道是交配。公鳥邊拍動翅膀取得平衡，邊騎到母鳥身上，幾秒鐘就完事。許多動物在交配的時候都沒有防備，所以鳥類在短時間內完成交配，就某方面來說或許也很合理。

鳥類在短時間內完成交配的理由之一，就在於過程簡單。鳥類除了鴨子之類的例

鴿子只要環境允許，每年也會嘗試繁殖多達七至八次。

百分之九十七的鳥類，都透過對準泄殖腔送出精子。

鴨類有螺旋狀、像陰莖一樣的生殖器（Phallus）。

外，基本上沒有陰莖，牠們透過連結兼具肛門與生殖器作用的「泄殖腔」進行交配。雖然交配時，看起來只不過是公鳥騎到母鳥身上，但鳥類的屁股意想不到地彎曲，這個姿勢就能使泄殖腔結合。公鳥沒有陰莖，所以只要雙方的泄殖腔相接，公鳥將精子送進母鳥體內，就算完成交配。

　在春至秋季，可以看到家燕等鳥類的母鳥放低姿勢，催促公鳥騎上來的樣子。這時候就是觀察交配的好機會。

鳥類在無法繁衍後代的秋冬時期也會交配？

鳥類的交配是繁殖行為，一般來說當然會在繁殖期看到。但雁鴨也經常在非繁殖期的秋至冬季交配。譬如花嘴鴨的正常交配時期，應該在早春至春天才對。

公鴨與母鴨面對面，邊上下移動脖子邊靠近，接著公鴨騎到母鴨身上。這正是交配的姿勢。為什麼在無法養育孩子的時期，要進行交配呢？其實這個行為稱為「假交合」，也被認為是交配練習或求偶行動。鴨子的交配在水域進行，公鴨騎到母鴨身上，母鴨幾乎沉到水裡，只稍微露出頭來，似乎有點可憐，但母鴨看起來卻不怎麼厭惡地接受公鴨。如果是假交合的行為，即使是不會在日本繁殖的綠頭鴨等鳥類，也能觀察得到。如果在公園發現雁鴨面對面上下移動脖子求愛，不妨仔細看看，說不定能觀察到假交合喔！

包圍求偶。多隻公鴨圍著一隻母鴨，各自發出叫聲、擺出姿勢吸引母鴨注意。

花嘴鴨交配前的求偶行為

母鴨也回應牠
上下移動脖子。

公鴨
上下移動脖子。

綠頭鴨的假交合。
公鴨不只騎到母鴨
上，還壓得她幾乎
連頭都沉下去。

抬頭翹尾。在包圍求偶中被看
上的公鴨所採取的行為之一。
把頭抬高，身體往後彎。

如果把鳥類的嘴喙比喻成人類的工具？

琵嘴鷸

就像牠的英文名字「Spoon-billed Sandpiper」，湯匙狀的嘴喙，能夠撈起泥沙中的食物。

第 3 章

形形色色「溫暖的家」

築巢·育雛

信箱、花盆都不挑剔，築巢地點自由不受限

信箱

水泥磚

裝飾品裡面

消防栓裡面

三角錐

直立式煙灰缸

倒扣在地面的花盆

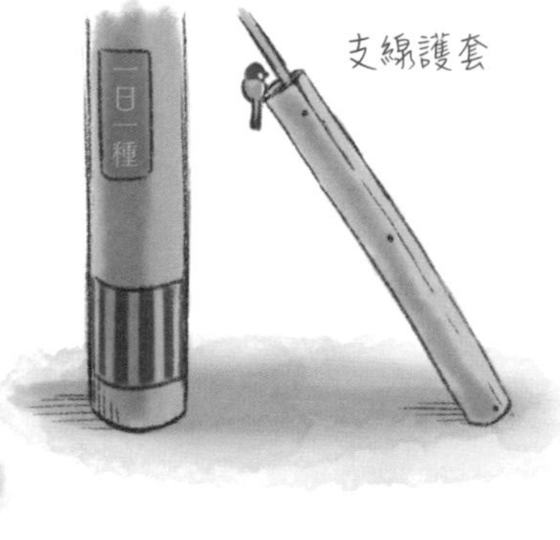
支線護套

白頰山雀是從森林到都市都能看見的可愛小鳥。在日本又名為「四十雀」。這個名字的由來眾說紛紜，有一說認為是因為白頰山雀有四十隻麻雀的價值，但「四十」也實在太多了。

白頰山雀也像灰椋鳥一樣會在樹洞築巢，但在都市地區還是經常利用人造物的縫隙。牠們利用的人造物種類相當多，譬如電線桿支線保護套、消防栓中、花盆、信箱，最近流行的竟然還有直立式菸灰缸。這或許也是因為最近為了改善吸菸環境，撤除室內的吸菸區，而在室外設置更多直立式煙灰缸的關係吧！

白頰山雀所屬的山雀類，具有對人類較缺乏警戒心的傾向，話雖如此，連信箱與直立式菸灰缸都能利用的堅強適應力，還是相當驚人。

到了三月左右，公鳥會到處去看許多築巢點，如果有不錯的就介紹給母鳥。這時如果有空著的信箱，或是倒扣的花盆，或許就會被白頰山雀選來築巢。不過多數人即使物品遭到白頰山雀佔據，也不會立刻撤除，寧願忍受不便，也要守護白頰山雀直到離巢。

不會錯過電線桿或屋頂周圍的優良築巢點

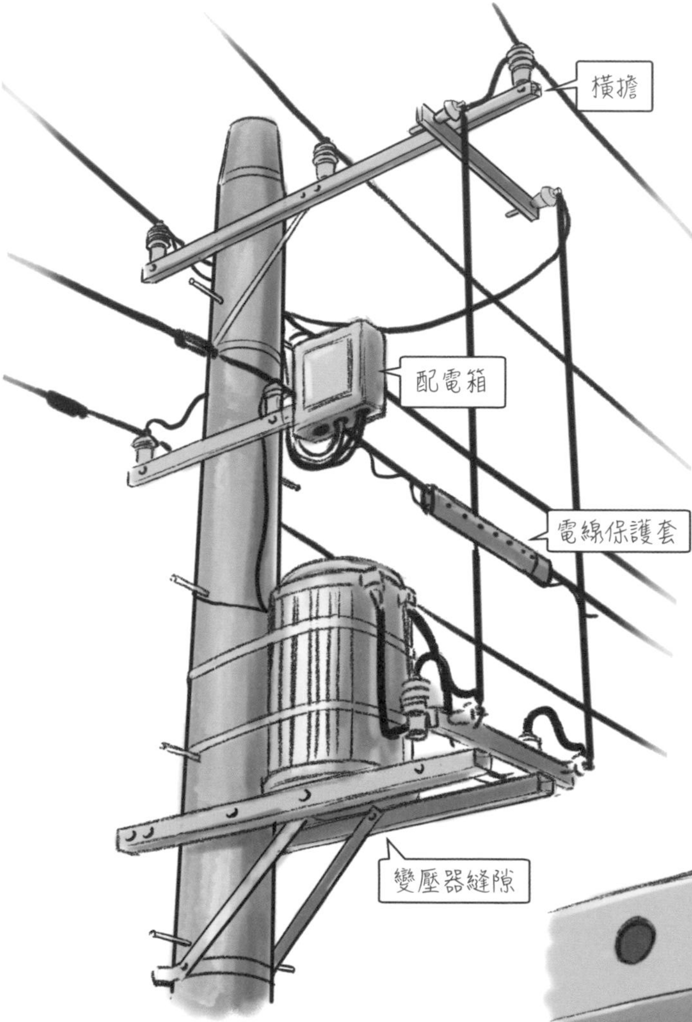

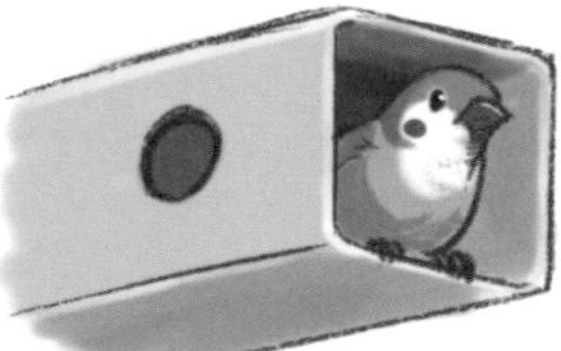

在橫擔末端築巢

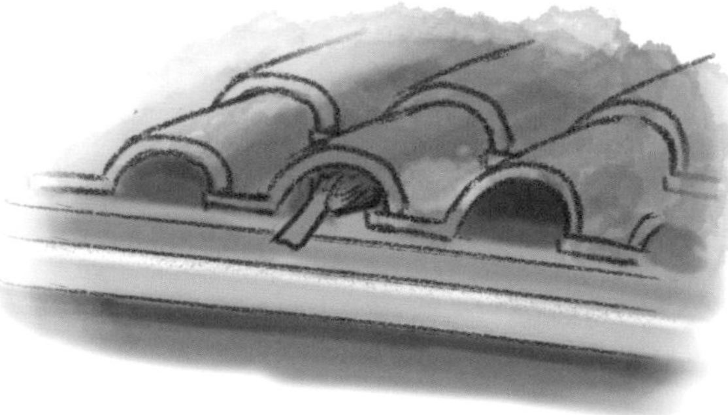

利用屋瓦的空隙

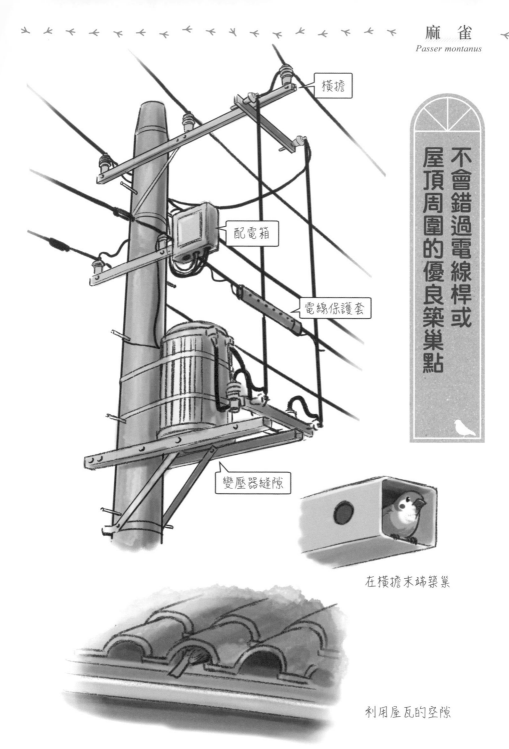

麻雀是不可思議的鳥類。怎麼個不可思議法呢？那就是明明在都市裡現蹤，在山裡卻完全不見蹤影。一般提到野生動物，都會覺得在人煙稀少的地方比較多，但麻雀卻完全相反。牠們如果不在人類附近就無法生存。

所以麻雀也同樣會使用人造物築巢。牠們經常利用屋瓦、排水管與電線桿等的縫隙。雖然一般來說，巢與雛鳥本身都被藏起來所以看不見，但部分巢材可能會露出來，或是從人造物裡面傳出雛鳥發出的「沙啦沙啦」聲，從這些跡象就能判斷裡面有鳥巢。

但最近屋瓦變少、縫隙多的木造建築物也減少，就連電線桿也推動地下化，因此對麻雀來說，或許變得不易居住了。雖然築巢場所不是唯一原因，但實際上根據推算，麻雀的數量在這數十年減少了一半。不過，都市裡的麻雀，也不是一年到頭都在都市裡，到了秋天，就有一定數量的麻雀飛往農地所在的山村。據說在以前的中國，甚至因為秋天看不到麻雀，還半開玩笑地認為牠們應該潛進海裡變成了「花蛤」。

麻雀有時也會利用家燕的巢或胡蜂類的巢。

連監視攝影機上方也不放過!? 在意想不到的地方築巢

家燕會在建築物的屋簷下等人類經常通過的地方築巢。牠們似乎把人類當成守衛，躲避蛇與烏鴉等天敵。反過來說，在人造物以外的地方，幾乎看不到家燕的巢。讓人忍不住疑惑，在人類文明誕生之前，家燕到底在哪裡築巢呢？

家燕築巢時，首先用唾液凝固叼來的泥土，接著混入枯草補強，再黏到牆壁上。牠們經常把巢築在有突出物的地方，譬如在屋外不容易發現的場所、排氣口上方、監視攝影機上方等。

家燕和麻雀不一樣，會

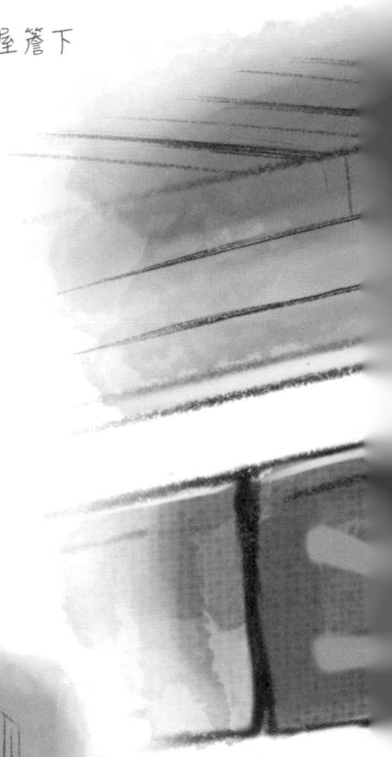

在人類看得見的地方築巢，所以最容易觀察育雛的樣子。牠們很親人，對人類不大警戒。育雛時期的親鳥，一天必須運送好幾百次的食物，非常地辛苦。

家燕到了春天就會來到日本，但最近聽說數量也變少了。原因可能是建築物的變化或山村環境的變化等。家燕也是會幫忙捉走害蟲的益鳥，所以不要嫌棄牠們的大便很髒，應該要好好珍惜。

毫不客氣地 寄居空屋戶袋

灰椋鳥經常在戶袋築巢

排氣口等

大自然中的灰椋鳥
則在樹洞築巢。

沾到糞便、巢材露出，
就是灰椋鳥築巢的證據。

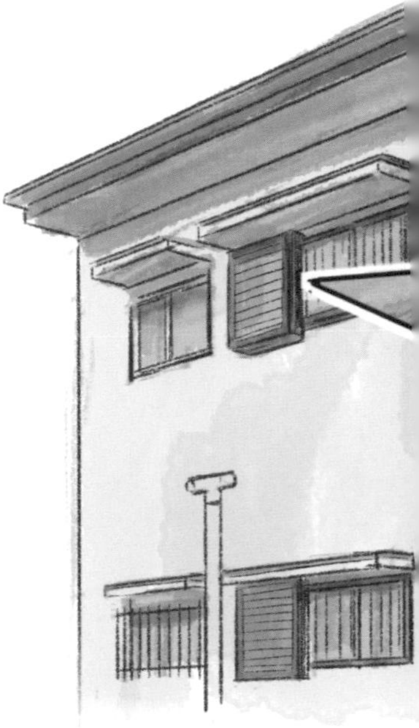

灰椋鳥的體型比麻雀大，比鴿子小，是隨處可見的中型鳥。或許因為牠們喜歡糙葉樹的果實，或是會在糙葉樹築巢，所以在日本被叫做「糙葉樹鳥」。雖然大自然中的灰椋鳥在樹洞築巢，但也經常利用人造物的空洞或縫隙。尤其這幾年，灰椋鳥特別喜歡住宅區的「戶袋」。空屋等雨戶從不打開的屋子，空著的戶袋就成為灰椋鳥的絕佳築巢點。如果灰椋鳥叼著毛毛蟲或巢材進出戶袋，就是牠們正在築巢的證據。

灰椋鳥也經常在排氣口的縫隙或屋頂夾層築巢。對牠們來說，只要有天敵不容易襲擊的空洞，不管是樹洞還是人造物都無所謂。看在路人眼裡或許是幅溫馨的景象，不過對屋主或管理公司而言卻相當困擾。

灰椋鳥以前被認為是幫農田吃掉害蟲的益鳥，但最近一大群飛到車站前之類的地方，也被視為問題，有害的那一面似乎反而更顯眼。

譯註：「戶袋」是日式建築的一種結構。日式建築的窗戶還有一層遮風擋雨用的板材「雨戶」，用不到時就會收進戶袋裡。

紅隼在橋桁縫隙築巢，在河邊捕捉食物。

河川附近的橋剛好適合養小鳥？

說到猛禽，大家都會覺得應該在自然度高的山裡築巢，但有些種類的巢也能在生活周遭看到。譬如遊隼的同類「紅隼」，就經常在河上鐵橋的橋桁築巢。紅隼是與鴿子大小差不多的小型猛禽。

紅隼原本應該是在懸崖築巢的鳥類，但或許橋桁看起來很像懸崖吧？而且河邊也有許多蜥蜴與老鼠等可以當成食物的小動物，剛好適合育雛。所

啪嗒啪嗒拍著翅膀定點懸停
也是特徵。

在大樓築巢的遊隼。

以經常可以看到牠們邊在上空定點懸停邊找食物，接著俯衝而下捕捉食物的身影。

在非繁殖期的秋冬，也經常能在遠離築巢點的地方看見紅隼。

秋至冬季在都市近郊的農田或草地周圍等開闊的場所散步，偶爾能夠看到紅隼為了找食物而在上空飛翔的樣子。

近年來，同屬隼科的遊隼，也經常會在都市的摩天大樓繁殖。遊隼也是在懸崖築巢的猛禽，或許大樓對牠們而言也是類似懸崖的環境。

烏鴉的巢充滿了鐵絲衣架

烏鴉將鐵絲衣架與樹枝
組合築巢。

KAR
塑膠製的比較不
容易被叼走。
有時也會丟下衣服，
只把衣架叼走。
落下

烏類的巢多半位在人類不容易發現的地方，但烏鴉的巢很大，也在人類周遭，所以相對容易發現。

烏鴉的巢，特徵就在於巢材。在小樹枝當中，夾雜了色彩鮮豔，像是鐵絲一樣的東西……，仔細看就能發現是鐵絲衣架。都市裡的樹枝較少，烏鴉不得已只好使用衣架嗎？好像不是這樣，因為在樹木豐富的環境中，烏鴉依然會使用大量衣架築巢。或許因為衣架既堅固又輕巧，對烏鴉來說是最適合的巢材。但我們也發現，烏鴉的巢也不是全用衣架築起，還會結合一定數量的樹枝。

三至四月是烏鴉築巢的時期，這時衣架特別容易被叼走，如果附近有烏鴉，最好小心一點。即使晾著衣服，烏鴉也會靈巧地把衣服拆下只叼走衣架。據說烏鴉比較不會叼走塑膠製的衣架。

如果只偷衣架或許還算可愛。要是在電線桿築起含有衣架的巢，那就危險了。衣架的鐵絲部分接觸到電線桿的機器，可能造成漏電、火災或大規模停電。雖然對烏鴉很抱歉，但如果發現這樣的巢，最好聯絡電力公司撤除。

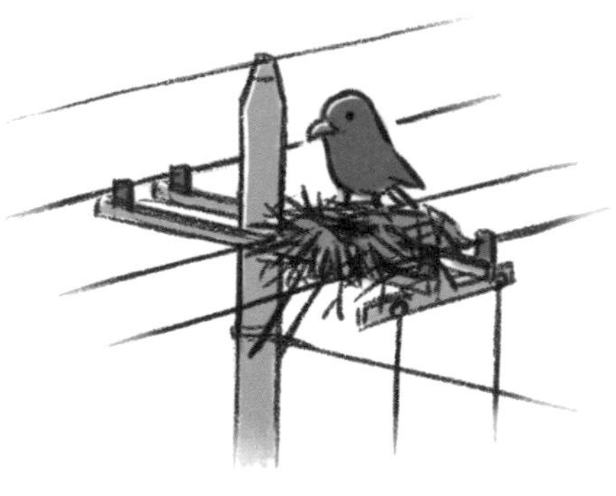

在電線桿上築巢會引發事故。請聯絡電力公司。

棕耳鵯的巢都是垃圾

column

除了烏鴉之外，還有其他都會風格的鳥巢

繁殖期的鳥兒非常警戒，基本上最好不要長時間觀察牠們的巢。不過，如果在育雛結束的秋至冬季觀察，就會得到許多有趣的發現。

鳥類會把巢築在人類或天敵看不見的地方，但如果是樹葉凋零的時期，就相對變得容易發現。

非繁殖期的鳥巢沒有鳥，往裡面看也沒問題。雖然有種類之差，但小型鳥類的巢，多半只用一次就拋棄。

膠帶築成的日菲繡眼巢。
在樹葉凋零的季節比較容易發現。

小鸊鷉的巢都是垃圾。

除了烏鴉的巢之外，城市裡的鳥巢，也經常使用人造物，譬如日菲繡眼。牠們通常使用蜘蛛絲等材料，把巢像吊床一樣掛在矮中高度的樹枝分岔處。但如果牠們棲息在人類周遭，也經常使用膠帶築巢。

我們觀察都市裡的鳥巢，或許會覺得材料都是垃圾，好可憐……但說不定對野鳥來說，不管是自然物還是人造物，只要堅固不容易壞就是築巢的好材料。

滿滿的羽絨！軟綿綿的嬰兒床

棲息在都市地區的鳥，並不是從以前到現在都沒有改變。舉例來說，野鴿大量棲息在都市裡，而野鴿是蒼鷹最適合的食物，所以都市地區的蒼鷹也變多了。繁殖期的蒼鷹在捕獲獵物後，會像是處理食材一樣把獵物的羽毛拔除，處理成容易入口的狀態再帶回巢裡，於是在蒼鷹狩獵之後，犧牲的鳥就掉落了許多羽毛（第三十四頁）。

而這些羽毛就會被銀喉長尾山雀撿去用，所以都市裡的銀喉長尾山雀也跟著增加。銀喉長尾山雀為了躲避天敵，從

銀喉長尾山雀更偏好選用柔軟、高保濕性的羽毛作為巢材，而非羽軸與兩側羽片完整的羽毛。
※部分銀喉長尾山雀也會使用獸毛與植物棉。

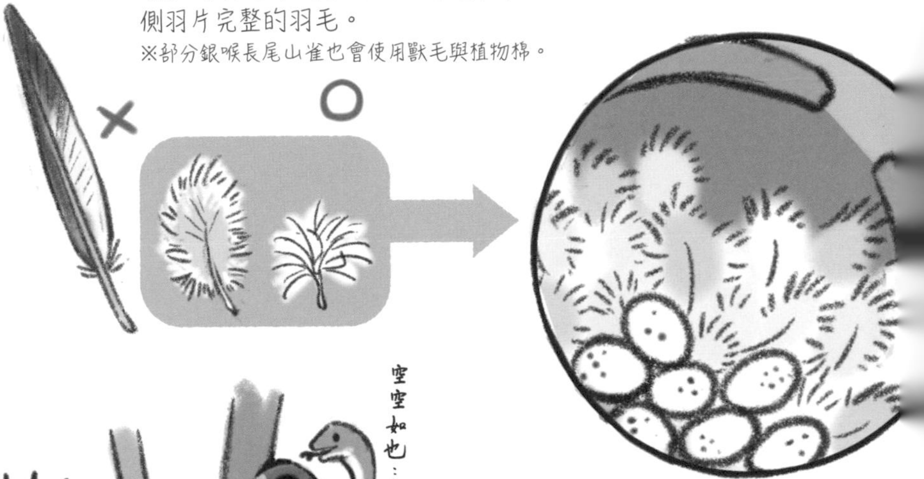

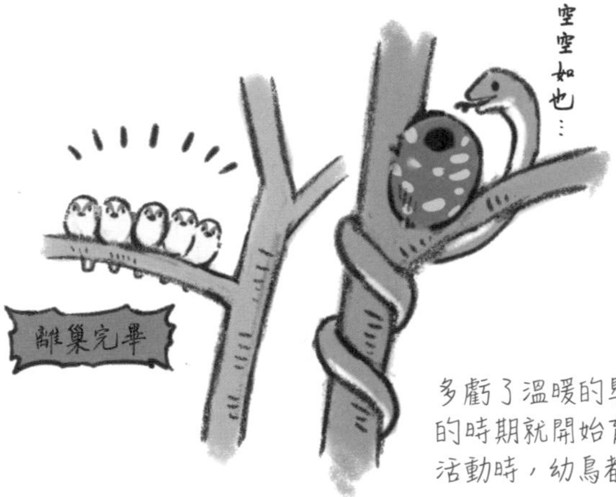

除了野鴿之外，也會使用雉類、小型鳥類、烏鴉類等各種鳥類的羽毛。巢裡鋪了許多羽毛，所以很溫暖。

多虧了溫暖的嬰兒床，才能從寒冷的時期就開始育雛。當蛇等掠食者活動時，幼鳥都已經離巢了。

冬天寒冷的時期就開始繁殖，所以巢裡面就鋪滿了保溫用的羽毛。由於牠們需要大量的羽毛，蒼鷹處理食材後的現場，就是牠們收集羽毛的最佳場所。銀喉長尾山雀在這時會挑選柔軟、保溫性高的羽毛撿回家。人類的外套也一樣，比起填入羽軸完好的羽毛，填入大量羽絨的保溫性較好，銀喉長尾山雀似乎也確實理解兩者的差別。

銀喉長尾山雀、野鴿與蒼鷹……，生物可以說在意想不到的部分環環相扣。

這樣真的完成了嗎？金背鳩的巢太狂野

金背鳩。除了棲息在北海道等寒冷地方的金背鳩到了冬天就會南下之外，其他地方只要有樹，即使在都市也一年四季都能看到。

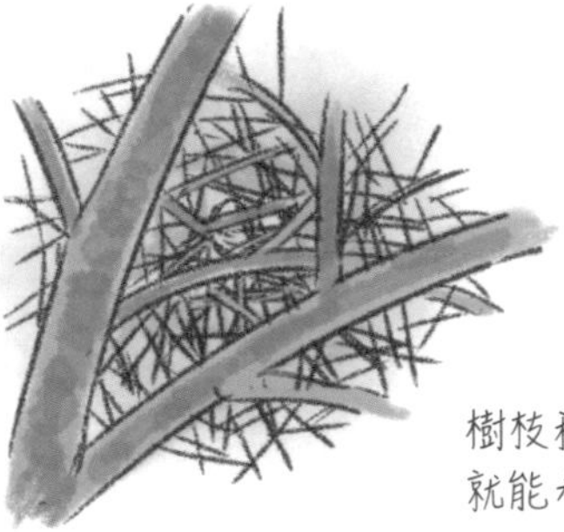

樹枝稀疏，甚至從鳥巢下方就能看見鳥蛋。

巢是下蛋育雛的場所，許多鳥類都會仔細築巢。牠們費心費力，就為了不要讓孩子們被寒冬凍著，或是避免孩子們掉出巢外。

但在我們周遭有一種鳥，卻把巢築得非常「隨便」，那就是「鳩」。金背鳩的巢相當草率，只不過是把小樹枝隨意架在枝椏上。有時候由下往上還能看見鳥蛋，也經常有人把掉下來的雛鳥送到野鳥救傷中心。鳥巢整體的形狀，也不像日菲繡眼或棕耳鵯那樣呈現碗狀，比較接近盤子狀。此外，其他鳥類會把羽毛與柔軟的葉

多數鳥類的巢。中心附近都鋪著羽毛與柔軟的葉子（產座）。

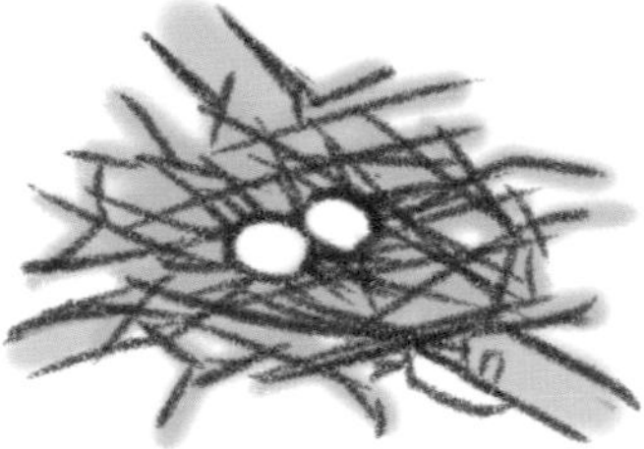

金背鳩的巢。只不過是用小樹枝隨意搭成。

野鴿也經常在陽台角落、花盆、室外機上築起隨便的巢。

子，鋪在中心放置鳥蛋的「產座」下，藉此防撞與保溫，但在金背鳩的巢裡果然也幾乎看不到這些佈置。

就算是這麼隨便的巢，金背鳩也經常會在下一個繁殖年再次使用，有時候甚至也會利用棕耳鵯與紅頭伯勞等其他鳥類的舊巢。為什麼金背鳩會這麼不擅長築巢呢？真是不可思議。

除了金背鳩之外，野鴿也同樣會築出用樹枝隨便搭成的巢，經常可以在陽台之類的地方看到。

審訂註：台灣曾出現珠頸斑鳩在倒置的好神拖和疫情期間封閉的籃球球網內下蛋的案例，將其通稱為「隨便鳩」。

把敵人趕離鳥巢！為此展現演技

喵？
步履蹣跚
為了保護蛋與小鳥而假裝受傷的行為。
啪嗒
啪嗒
把敵人帶得夠遠之後，自己也逃跑。
被騙了
喵!?
呼

假設這裡有一隻肚子餓的野貓。貓咪發現了一隻鳥，於是慢慢靠近。這隻鳥受傷了嗎？牠張開翅膀，看起來精疲力盡。「這是絕佳的獵物！」這麼想的貓咪更進一步逼近。

結果鳥兒邊拖著翅膀，邊步履蹣跚地想要逃跑。這時貓咪靠得更近，鳥兒已經命在旦夕了嗎……就在這時！

鳥兒突然拍拍翅膀飛走了。傻眼的貓咪只能眼睜睜地

正在假裝受傷的小環頸鴴。

喝醉時步履蹣跚的樣子，看起來就像鴴類的擬傷行為，所以在日本叫做「千鳥足」（譯註：鴴在日文漢字為「千鳥」）。

看著獵物逃跑。

鳥兒演的這場戲稱為「擬傷行為」，目的是為了把天敵帶離鳥巢。換句話說，牠們透過假裝受傷來誘敵。

擬傷行為比較常出現在把巢築在地面的鳥身上，譬如小環頸鴴等鴴類、雉類、綠雉、雲雀等。

如果你發現了做出擬傷行為的鳥，說不定這隻鳥正在把你帶離牠們的巢。這時候請不要盲目地尋找鳥巢，最好裝作沒興趣的樣子，悄悄離開現場。

親子一起遊行？搬家？交通警察也幫忙進行管制

在日本的平原地區可以看見的雁鴨，幾乎都是從國外來過冬的冬候鳥，或是從山區下來過冬的候鳥。在這些雁鴨當中，只有花嘴鴨是唯一在平原地區廣泛繁殖的留鳥。所以也能看到母鴨帶著小鴨走路的「花嘴鴨遊行」。

花嘴鴨的幼鳥，一出生就靠著自己的雙腳跟在親鳥身後行走，也會自己覓食。這種育雛方式稱為「早熟性」。

母鴨想把剛出生的小鴨帶去水面時，必須穿越汽車川流不息的道路。

在初夏的地方新聞，經常可以看到好心的交通警察看不過去，幫忙攔下車子管制交通的報導。

但就算能夠平安穿越道路，小花嘴鴨的奮鬥也才剛開始。像「花嘴鴨」這樣的「早熟性」幼鳥，與在巢裡被仔細餵養的「晚熟性」不同，很多來不及長大就喪命。

離巢時約有十至十二隻小鴨，其中如果有二、三隻能夠長大，就已經謝天謝地了。全軍覆沒的狀況也不少。鴨子的世界相當嚴峻。

不過，嚴格來說有些花嘴鴨的個體，也會從北國南下過冬，所以個體數在冬天會變多。

穿越馬路的親子花嘴鴨。這幅景象被稱為「花嘴鴨遊行」或「花嘴鴨搬家」。

早熟性與晚熟性的差別

早熟性

出生時羽毛就已經長齊，很快就離巢，並開始自己覓食。

晚熟性

出生時體型嬌小，羽毛也少。靠父母餵食，長大之後才離巢。

如果把鳥類的嘴喙
比喻成人類的工具？

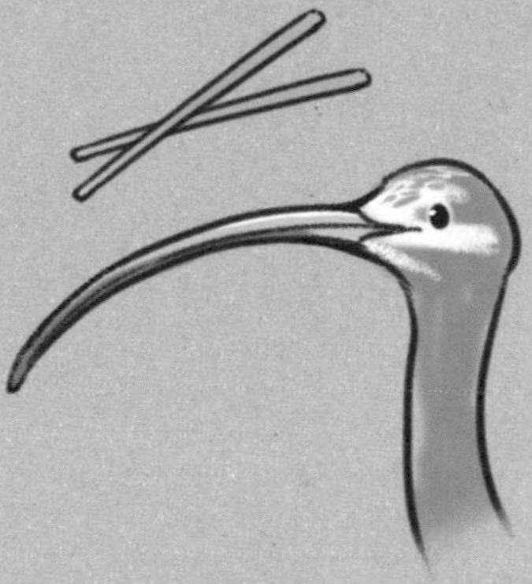

大杓鷸

嘴喙很長，即使在洞穴深處的食物也能夾出來。

第 4 章

這是誰的聲音？為何有這樣的動作？

叫聲・行為

你一定聽過牠的叫聲！頭頂毛躁的灰色鳥兒

我與賞鳥會一起散步時，如果聽到鳥鳴聲，經常會被問到「這是哪種鳥在叫呢？」雖然各個地方與場所出沒的鳥多少有點差異，但身邊最常被問到名字的鳥，應該就是棕耳鵯了。

棕耳鵯棲息的範圍很廣，從山區到市區都有牠們的蹤影。牠們的叫聲很響亮，經常在耳邊迴盪。棕耳鵯的日文名讀為「Hi-Yo-Do-Ri」，據說是因為牠們會發出「嗶—呦嗶—呦」的鳴唱聲（也有其他說法）。如果聽到這個聲音，可以抬頭找找樹上與電線桿等比較高的地方，如果看到灰色、比灰椋鳥大一圈、體型細長的鳥在叫，那就是棕耳鵯。

像這樣同時聽到鳥鳴聲與看到發出叫聲的鳥，稱為「嘴形同步（lip-sync）」。如果只有聲音，很難記住鳥的名字，但如果有意識地進行嘴形同步，就能正確且有效率地把鳥的名字與叫聲一起記住。

或許因為做不到嘴形同步吧，也有人會把金背鳩的叫聲誤以為是貓頭鷹的聲音。

在分類學的領域也曾發生過錯誤，其實發出「佛法僧」叫聲的不是佛法僧，而是東方角鴞。

發出響亮叫聲的
棕耳鵯

金背鳩的鳴唱，經常被誤以為是貓頭鷹的聲音。

東方角鴞特殊的叫聲，被以為是其他鳥所發出來的。

以為「佛法僧」是牠的叫聲，所以取名為佛法僧。但實際的叫聲卻是「傑傑」。

審訂註：東方角鴞的鳴唱聲「bu-po-so-」，聽似「佛法僧」的日文發音。人們以為這個聲音是佛法僧這種鳥所鳴唱的，於是將牠們取名為佛法僧。結果原來是一場誤會。

「嘎啊嘎啊」與「嘎ー嘎ー」，兩種烏鴉叫聲不一樣

說到周遭常見的鳥，應該很多人都答得出麻雀、鴿子、烏鴉……等等。但其實沒有任何一種鳥的種名叫做鴿子或烏鴉，或許除了賞鳥人之外，鳥類的物種名稱不大普及吧！

雖然都是鴿子，也有野鴿與金背鳩之別。至於烏鴉，常見的則有巨嘴鴉與小嘴烏鴉。

放眼日本全國，不管是鴿子還是烏鴉，都有很多種類，但平常對鳥沒興趣的人，多半

警戒的時候

威嚇的時候

巨嘴鴉的幼鳥額頭光滑，叫聲又不像成鳥那麼清澈，容易被誤以為是小嘴烏鴉。

幼鳥的嘴巴裡是紅色的

光是聽到身邊的烏鴉有兩種，就已經很吃驚了。

這兩種烏鴉，不管外觀還是行為都有諸多不同，其中一項容易分辨的差異就是叫聲。一般來說，巨嘴鴉的叫聲聽起來是清脆的「嘎啊嘎啊」，小嘴烏鴉則是混濁的「嘎——嘎——」。小嘴烏鴉會邊晃動頭部邊叫，也是一項特徵。

不過，這個識別點頂多只是傾向，巨嘴鴉有時也會發出「嘎——」的聲音，必須注意。

戀曲的旋律不一定優美

早春來臨時，金翅雀經常在河畔發出「嗶—嗯嗶—嗯」的混濁叫聲。而在「嗶—嗯嗶—嗯」的空檔，也會發出「嘰哩哩哩叩囉囉囉♪」的可愛聲音。原本以為後者是鳴唱，但一般認為，前者單調混濁的「嗶—嗯」才是金翅雀的鳴唱。

鳥鳴聲大致可分為兩種，分別是「鳴唱」與「鳴叫」。一般來說，「鳴唱」就如同其英文「song」，是一種像歌聲一樣的優美聲音，據說具有求愛或宣示領域的意義。

至於鳴叫的英文則是「call」。根據聲音的不同，有警戒、威嚇、害怕、開心、集合的訊號、確認同伴存在等各種不同的意義。

就傾向而言，通常是比鳴唱單調的短音，但也有像金翅雀這樣不容易分辨的案例。

此外，也有像烏鴉或棕耳鵯等，難以明確區分鳴叫與鳴唱的種類。

「鳴唱」與「鳴叫」，只不過是人類為了方便稱呼而給予的定義，目前對於鳥類的叫聲，仍有許多不清楚的地方。

聽到鳥鳴時，邊思考叫聲的意義、發出叫聲的意圖，邊觀察，說不定很有趣。這麼做對賞鳥也有幫助，舉例來說，如果判斷他們是對人類產生警戒，就可以稍微拉遠距離。

金翅雀

白頰山雀

日本樹鶯

光憑一聲「呿」就能知道是什麼鳥

黑臉鵐發出「呿」的鳴叫。

雖然從公園的植栽裡也會傳出叫聲，但外表樸素不容易發現。

冬天在公園散步，經常聽到樹叢裡傳出「呿」的聲音。如果在稍大的綠地，發聲音的可能是灰鵐，但如果是都市的公園，就很有可能是黑臉鵐。

黑臉鵐是比麻雀稍微大一點的鳥。這聲「呿」地鳴叫，被認為具有確認同伴存在、展翅高飛的訊號等意義。

寫成文字的「呿」，大家或許會想成類似咂舌的聲音，

草鵐的叫聲是「呿呿」或「呿呿呿」。

推測在樹叢裡很難看見彼此，所以透過叫聲確認同伴的存在。

但音程遠比咂舌還要高。

至於如果用類似的音質，連續兩三聲「呿呿」或「呿呿呿」地鳴叫，那就是草鵐。要是看到一群鳥，牠們的「呿」聽起來又有點輕快，那就可能是田鵐。

大家或許會覺得這個要專家才聽得出來吧……其實如果聽習慣，出乎意料地容易分辨。

鳥鳴還是以鳴唱較具代表性，但鳥類在秋至冬季不大會鳴唱。而鳴叫只要仔細聽，依然能夠成為發現、識別鳥類的一大線索。

只有「啾啾」嗎？麻雀的叫聲還有很多種

漫畫的背景只要畫出「啾啾」，就能呈現早晨的氣氛。

如果實際表現麻雀的各種叫聲，就會變成這樣……

漫畫只要畫出城市風景，再附上「啾啾」的文字，讀者就能理解「這是早晨的場景」。說到麻雀就會聯想到「啾啾」叫與早晨，這樣的印象就是如此深植在我們的腦海裡。

但麻雀的叫聲真的是「啾啾」嗎？仔細聽附近的麻雀，就能發現牠們的確經常「啾……」「啾……」地叫，但實際上牠們除了「啾啾」之外，也會發出「嘰、嘰、嘰」或「嗶啾、嗶啾」等各種聲音。

舉例來說，如果牠們發

除了啾啾之外，麻雀還有各種叫聲。

出低沉銳利的「啁啁，嘰嘰嘰」一，或許就是在警戒。而交配的時候，也會發出「嗶喲嗶喲嗶喲」一的可愛聲音。

麻雀的鳴唱也很難分辨，但如果在春天，聽到麻雀不斷重複「啾啾啾嗶啾嗶啾」一等類似的音節，就很有可能是鳴唱。

即使只舉出麻雀這個例子，也能清楚說明，如果仔細側耳傾聽，就會發現鳥類的叫聲有各式各樣的變化。

「聽聲配字」真有趣！
半夜聽到「特許許可局」

小杜鵑

日本樹鶯
煤山雀

初夏時分，若住宅區附近有綠地，可能會在半夜聽到響亮的鳥鳴「tok-kyo-kyo-ka-kyo-ku」。這是夏候鳥小杜鵑的聲音，在日本常用漢字的「特許許可局」來表現。像這樣基於玩心，把鳥鳴聲換成人類的語言，就叫做「聽聲配字」，是一種既有趣、又能有效率地記住鳥鳴聲的方法。

　雖然有些聽聲配字有經典的配法，但會聽成什麼字是個人自由。並不是一種聲音只能配一種文字，所配的文字也會因國家與文化而不同。譬如竹雞的叫聲，在日本配成「揪斗來一咧」（稍微來一下），在英語圈則配成「People pray」（人們在祈禱）。反之，也有像大杜鵑的叫聲在英語圈寫成「Cuckoo」，在德語圈則寫成「Kuckuck」，不管在哪個國家聽都差不多的例子。

　有些經典的聽聲配字，就像把家燕的叫聲聽成「土食蟲食，口乾澀（tsu-chi-kut-te mu-shi-kut-te ku-chi-shi-bu-i）」一樣牽強，讓人不禁懷疑「真的聽起來是這樣嗎？」，也有像「一筆啟上仕候（ip-pi-tsu-kei-jo-tsu-ka-ma-tsu-ri-so-ro）」一樣，讓人可以揣摩到這個聽聲配字誕生的時代，非常變化多端。

　思考自己容易記住、具有現代風格的聽聲配字，應該也很有趣。

冠羽柳鶯

譯註：「特許許可局」是專利局的意思。
譯註：竹雞的叫聲在台灣寫成「雞狗乖」，大杜鵑則寫成「布穀」。

既像生鏽的門鉸鏈，又像自行車的剎車聲

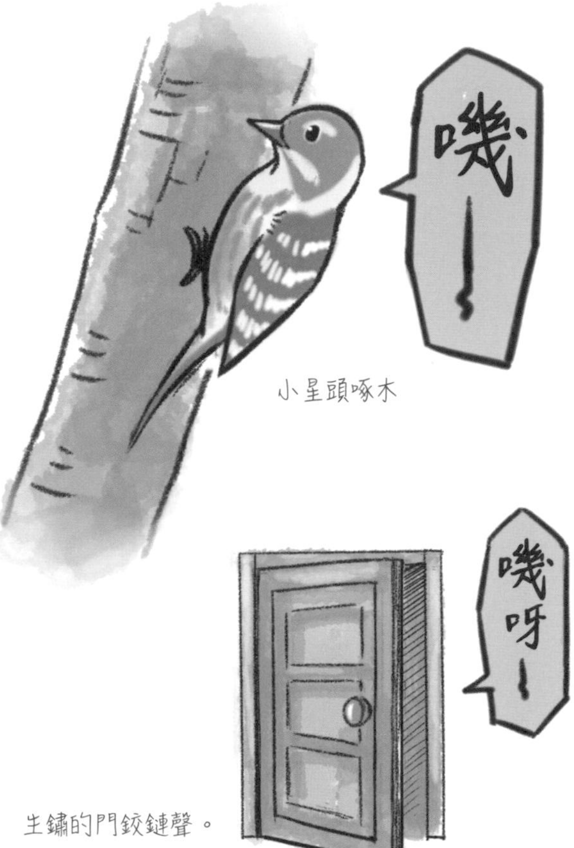

如果走在外面，聽到「嘰——……」地低沉鳥鳴，不妨看看附近的樹木。應該可以發現小型的啄木鳥或小星頭啄木。你聽到的「嘰——」就是小星頭啄木的鳴叫聲，經常被比喻成生鏽門鉸鍊的聲音。沒有其他發出類似叫聲的鳥類，所以只憑聲音就能知道是小星頭啄木。

單調難記的鳴叫，也能像這樣，仿照鳴唱的聽聲配字，比喻成其他類似音質的東西，記起來就會比較容易。

如果在水畔聽到高亢的「吱——」或「嘰嘰」聲，可以

自行車的剎車聲。

翠鳥

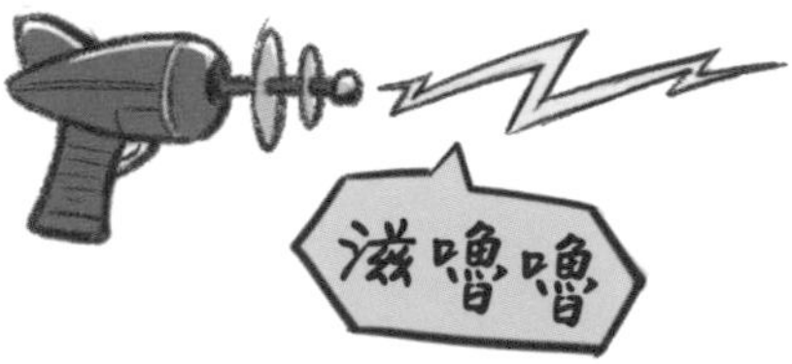

聽起來像科幻片的光線槍。

銀喉長尾山雀

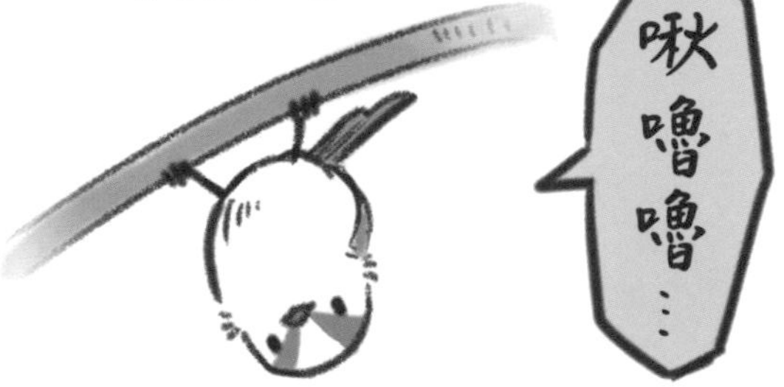

在水面上的空間，或是水邊突出的樹枝等地方找找，就能發現翠鳥。牠們的叫聲，經常被比喻成自行車的剎車聲。所以雖然記住這個聲音更容易找到翠鳥，但反過來每當有自行車剎車時，也會忍不住尋找，就像被下了詭異的詛咒。

銀喉長尾山雀也能夠透過叫聲尋找。牠們「啾嚕嚕……」彷彿捲舌般有節奏的高音，聽起來就像科幻片裡出現的光線槍。如果整群在一起，就會很熱鬧。

蘆葦濕地的胖虎？這樣的歌聲太衝擊

即使在都市中的河川，東方大葦鶯也經常出沒在形成小型蘆葦濕地的地方。牠們邊巡迴幾個歌唱點（中意的地方）邊鳴唱。

長在河裡的蘆葦。蘆葦與芒草及荻花相似，特徵是葉子中央沒有白線。

鳥類的鳴唱一般而言都聲音優美。但人類與鳥類的審美觀不同，讓雌鳥聽得入迷的歌聲，對人類來說不一定悅耳。如果附近有蘆葦茂密的河床，在春至夏季到那裡散步，立刻就能發現叫聲淒厲、分不清是在唱歌還是在吶喊的鳥，那就是夏候鳥東方大葦鶯。牠們停在蘆葦濕地上，發出氣勢十足的響亮叫聲「嗟嗟，咯咯唏咯咯唏……！」覺得牠們叫聲優美的人應該不多，有些人說不定還會覺得牠們是音痴（雖然我個人喜歡）。牠們「咯咯唏」的叫聲，在日文裡聽起來

東方大葦鶯的外表樸素，長得和日本樹鶯很像，聲音卻過於特殊。嘴巴裡面的橘色很顯眼。

像「行行子」，也成為俳句的夏季季語。江戶三大俳人之一的小林一茶，也寫過一首俳句「哎呀行行子，最先出生的部位，可是你的嘴」，用半開玩笑的詩歌，形容這種太過吵鬧的鳥類。不禁讓人覺得，東方大葦鶯的叫聲特別到連俳人都忍不住寫成詩歌。

東方大葦鶯的日文名字是「葦切（Yoshikiri）」，有一說認為，這是因為牠們會「切開蘆葦（在蘆葦鑽洞）」吃裡面的蟲；也有一說認為，這是因為牠們只限於在蘆葦築巢。

譯註：季語是在俳句中，用來表現季節的詞彙。

邊飛邊吸氣，唱出優美響亮的歌聲

春天的時候，如果從農地或河畔上空傳來優美的鳴唱聲，一定要往天空看。

或許很難立刻找到聲音的主人。但是如果睜大眼睛仔細尋找，應該就能發現牠的蹤跡。如果這隻飛上青天唱著歌的鳥兒，看起來只有豆子一般大，那就是歐亞雲雀。

許多小鳥鳴唱時都停在樹上，但歐亞雲雀是一種邊飛邊鳴唱的鳥。牠們邊拍動翅膀邊唱歌的身影，讓人覺得莫名忙碌。歐亞雲雀不單只是邊飛邊唱，還用響亮的聲音唱出複雜的旋律，而且歌聲還不會中斷。邊飛邊持續唱歌就是牠們的拿手好戲。

雖然讓人忍不住擔心「牠們不用換氣嗎？」但歐亞雲雀似乎連吸氣的時候也能發出聲音。鳥類其實是能夠在吸氣的時候發出聲音的動物。譬如日本樹鶯發出「啵——啵呿啾」的聲音時，最初的「啵——……」就是邊吸氣邊發聲。

鳥類的「鳴管」發達，這是人類所沒有的器官，能讓牠們無論吸氣、吐氣都發出悅耳的聲音。

人類的聲帶不像鳴管那麼厲害，很難邊吸氣邊發聲。雖然想做還是可以做到，但通常發出的聲音會變得很怪。附帶一提，某種死腔似乎就是邊吸氣邊發聲的技法。

歐亞雲雀邊展翅飛翔，邊以「嗶－啾囉，嗶－啾喀」的複雜旋律持續唱歌。

鳥類的鳴管與人類的聲帶

吸氣時也能發出聲音。

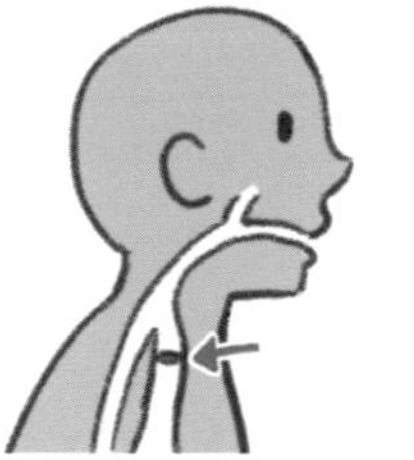

吸氣時只能發出奇怪的聲音。

如果想要嘗試，人類也是能邊吸氣邊發聲，但很難發出悅耳的聲音（在死腔裡有這樣的發聲法）。

譯註：「死腔」為重金屬音樂的一種嘶吼唱法。

報春鳥的初啼，聽起來馬馬虎虎？

什麼是生物季節觀測？

日本氣象廳觀測身邊的生物，記錄該年第一次觀測到某個特定現象的日子。根據往年的觀測記錄，日本樹鶯初啼的時期，九州從二月份開始，關東從三月份開始，北海道從四月份開始。二〇二一年起不再把動物納入觀測對象，只有部分的植物觀測仍會繼續。

大家根據什麼跡象感受「春天」的到來呢？櫻花綻放、蝴蝶開始飛舞……春天來臨的時候有許多徵兆。鳥類當中，也有告訴我們春天降臨的代表鳥種，那就是日本樹鶯。一年裡第一次聽到「啵—啵呿啾」的叫聲時，很多人都會感受到春天的氣息，所以日本樹鶯又名為「報春鳥」。

不過，在日本樹鶯當中，也有一些個體一開始並不擅長唱歌。牠們的叫聲沒有「啵—……」的部分，或是只有「啵呿」，沒有「啾」的部分……。此外還有音程不準，

年輕日本樹鶯的初啼表現得不大好。

多幾個音或少幾個音，聲音太小……等問題，這些初春時歌聲奇特的個體，通常都是年輕的鳥。幸好牠們只要反覆練習，就能愈唱愈好。幼鳥似乎是聽著雄性成鳥的聲音，學習鳴叫的方法。牠們應該會想讓自己的叫聲，更接近父親的叫聲吧？

早春第一次聽到日本樹鶯叫聲的日子，是日本氣象廳的其中一項「生物季節觀測」，從一九五三年開始記錄。不過預定二〇二一年之後就不再繼續。

不受青睞的公鳥，注定要拼命唱歌

草鵐的其中一種聽聲配字

單身的公鳥，在顯眼的地方朝著天空拼命鳴唱。

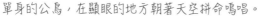

繁殖期的初期，也就是春天，最容易聽到鳥類的鳴唱。後來鳴唱逐漸減少，但有些公鳥到了夏天依然拼命唱歌。這些都是找不到伴侶，有點可憐的公鳥。

最容易分辨的是草鵐，已婚公鳥與單身公鳥的鳴唱方式極為不同。單身公鳥在樹梢與電線桿等顯眼的地方，不斷地重複相同音節的歌聲。牠們高高仰起頭，嘴巴朝著天空，看

站在樹梢等顯眼的
地方鳴唱。

已婚的公鳥以幾乎水平的悠閒
姿勢鳴唱，次數也比較少。

起來就像是在強調喉嚨白色的部分。

至於找到對象的公鳥，則以嘴喙差不多保持水平的姿勢鳴唱，聲音也比較低調。

據說已婚的公鳥一天用來鳴唱的時間大約百分之三十，單身的公鳥則大約百分之五十至八十。

草鵐求偶時，會停在樹梢等顯眼的地方，用相同的音節長時間持續鳴唱，所以很容易發現。

如果在夏天發現鳴唱的草鵐，猜猜看牠是單身還是已婚，或許也很有趣。

前進都市！叫聲優美的青鳥

日本內陸地區的都市，近年開始聽到不熟悉的優美鳴唱聲。這樣的旋律讓人聯想到白腹琉璃，但城市裡應該不會有這種鳥才對……仔細尋找之後，發現了停在大樓上的藍磯鶇。牠們「咕咕咕……」的鳴叫聲，也有人以為是青蛙。

藍磯鶇的大小和斑點鶇差不多，公鳥是腹部紅色、臉部到背部呈現藍色的美麗青鳥，在日本就如同牠的名字，主要在「海岸（磯）」附近出沒，但近年也開始能在遠離海岸的內陸地區看到。

牠們原本在懸崖的岩石縫

藍磯鶇母鳥

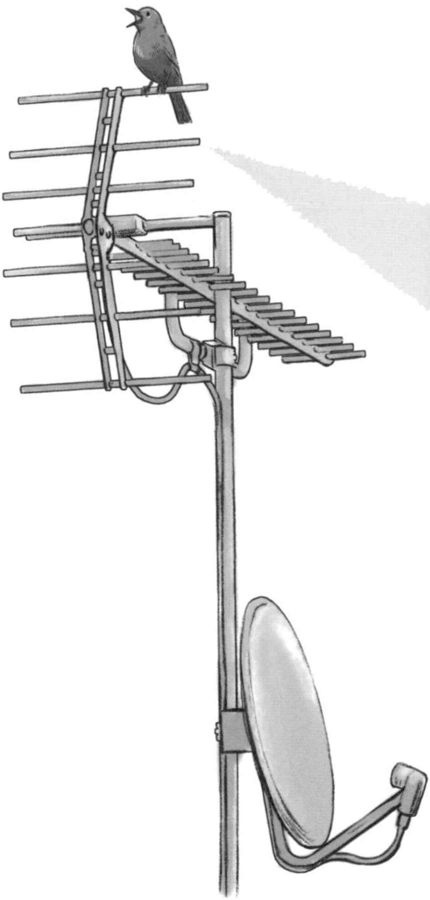

牠們也會在電視的天線或電線桿的頂端鳴叫。

前進內陸之前，主要在海岸的懸崖等地方出沒。

隙等地方築巢，來到內陸地區之後，就改為在建築物的頂樓或屋頂隙縫、通風口等地方築巢。對藍磯鶇來說，建築物的環境或許與海邊懸崖類似。

藍磯鶇從一九九〇年左右逐漸前進內陸，目前在山梨縣甲府市與長野縣飯田市都能發現牠們繁殖的蹤跡。

藍磯鶇前進內陸的現象，全日本都在發生，但真正的理由至今仍不清楚，依然是個謎團。

雖然聲音優美，但也有人覺得很吵的外來種

眼周的白色眉毛，就是名字「畫眉鳥」的由來。

雖然聲音很大，但經常躲在樹叢中鳴叫，所以很難發現其蹤影。

中國認為大陸畫眉的聲音與姿勢都很優美，所以經常養來當寵物。

動物的世界，包含鳥類在內，有些種類的數量減少到瀕臨滅絕，但也有一些適應了環境，而逐漸擴大分布範圍。其中有些動物，被從分布領域以外的地方，以人為方式帶入日本，後來變得野生化，分布範圍愈來愈廣，這些動物就被稱為「外來種」。

近年有種鳥也經常成為住宅區附近的話題，當地人反映「最近開始聽到奇怪的叫聲」，這種鳥就是「大陸畫眉」。大陸畫眉也被日本列為「特定外來生物」，雖然沒有明確的論據，但也有人擔心會影響生態系。

或許因體型比日本樹鶯大一圈，牠們的聲音也非常大。雖然鳴唱本身並不難聽，甚至有人覺得優美，但因為實在太大聲了，往往讓人們敬而遠之。不過在原產地中國，似乎因為聲音優美而成為受歡迎的鳥類。

雖然對日本生態系的影響令人擔心，但關於影響的程度與可能性，還沒有詳細研究。然而在夏威夷，也有大陸畫眉侵入導致原生物種減少的報告，所以不能忽視。

紅嘴相思鳥也是以叫聲優美而聞名的特定外來種，但牠們很少從山地來到平地，所以分布範圍不像畫眉那麼廣。

大陸畫眉的分布

一九八〇年代起，開始在北九州等地發現野生化的大陸畫眉，從此之後，分布範圍就擴張到全國。

※日本的「特定外來生物」，指的是外來生物中，被認為特別可能影響生態系的物種，在法律上禁止捕獲、搬運、轉讓等行為。

那種常見的鳥竟然有語言？

白頰山雀的親鳥在烏鴉靠近時，發出「吱咖吱咖」的聲音警告。幼鳥把身體壓低躲起來。

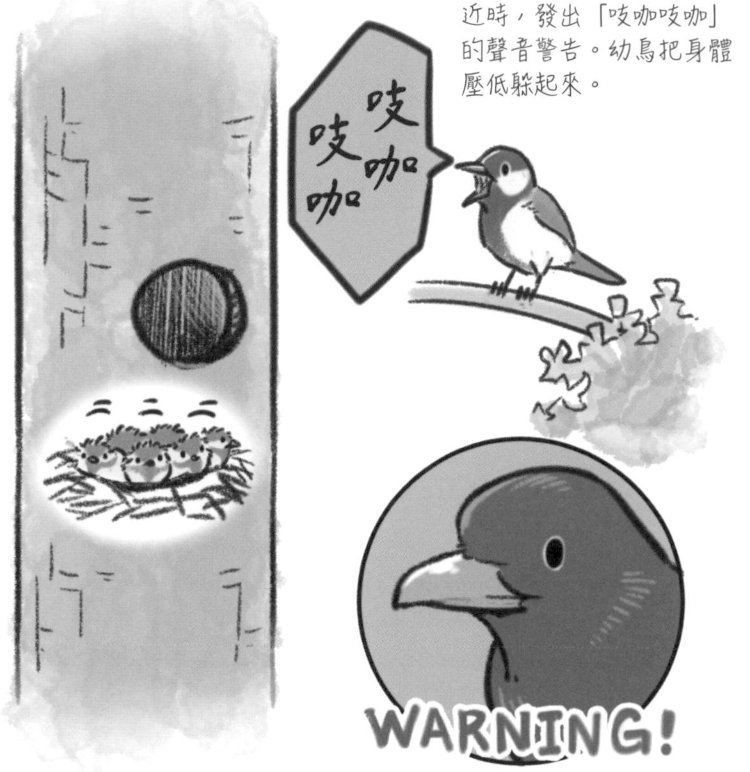

根據研究發現，鳥類的叫聲擁有各種不同的意義。譬如現在已經知道，周遭常見的代表性小鳥「白頰山雀」的親鳥，懂得運用不同的叫聲通知孩子有危險。如果烏鴉靠近鳥巢，親鳥就發出「吱咖吱咖」的聲音，幼鳥聽到聲音就壓低身體躲避烏鴉。而當日本錦蛇等蛇類來到巢穴附近時，親鳥則會「喳—喳—」鳴叫，通知幼鳥逃離鳥巢。

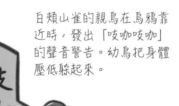

白頰山雀的親鳥在蛇靠近時，發出「喳－喳－」的聲音警告。幼鳥逃離鳥巢。
喳－
喳－
WARNING!

白頰山雀的鳴叫也有許多種類，並透過這些鳴叫有規則的組合，創造出複雜的意義，而且這些意義也能夠被理解。譬如將表示「提高警覺」的「嗶－滋嗶」，與表示「靠過來」的「嘰嘰嘰嘰」組合在一起，以「嗶－滋嗶，嘰嘰嘰嘰」的順序鳴叫，就能創造出「邊提高警戒邊靠過來」的意思。

白頰山雀是人類以外的動物中，第一種被發現能夠根據文法創造句子的動物。身邊的小鳥竟然有這麼厲害的一面，真是令人驚訝。

鳥兒為什麼會可愛地歪頭呢？

歪頭的銀喉長尾山雀。雖然很可愛，
但討人喜歡並不是牠們的目的。

我們有時候會看到小鳥歪著頭，這是人類在「有點不清楚對方說什麼」時擺出的姿勢。但做出這個動作的鳥類，並不是覺得有什麼疑惑，也不是為了對人類裝可愛，而是因為想要看清楚周圍。

小鳥的眼睛基本上在兩旁，能夠清楚看見水平方向的景物。這樣的身體結構，方便牠們經常確認周遭狀況，尋找食物與天敵。

歪頭可以看清楚上空與地面。
什麼嘛，原來是鴿子…
直起脖子可以看清楚左右。

鳥類無法轉動眼球，所以想要注視某個方向時就會歪頭。
※上圖的視野（藍色的部分）只是推測。目前還無法確定鳥類實際上是如何看東西。

鴿子
麻雀

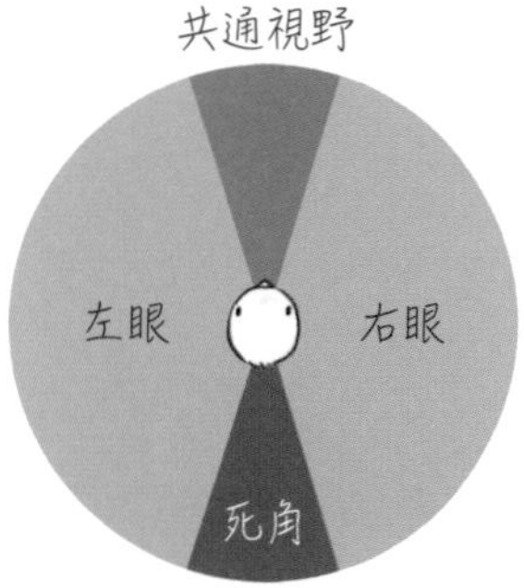
共通視野
左眼
右眼
死角

小型鳥類的視野很廣，但不擅長立體視覺。

不過部分的猛禽，比起警戒天敵，更需要立體呈現獵物所在的前方空間，所以眼睛也會比較靠近前方。

此外，鳥類與我們人類不同，無法透過轉動眼球來看清楚各個方向。所以牠們為了看見四面八方，得經常轉動頭部。

換句話說，小鳥歪頭是因為想要看清楚上空的天敵。

此外，鳥類也有慣用眼。觀察看看每隻個體是否有習慣歪頭的方向，說不定也很有趣。

鴿子為什麼會前後移動脖子？

鴿子走路的方式
脖子往前突出。
脖子的位置不動，邁出步伐。
脖子往前突出。
走路（重複這樣的動作）。

鴿子（看起來像是）晃動脖子，是為了看清楚周圍。牠們的眼睛長在頭的兩側，往前走的時候，兩旁可以看見的景色當然也會移動（人類的眼睛長在前方，即使往前移動，景色也不會大幅變動）。

如果只是平常走個路，景色就瞬息萬變，就無法確認周圍狀況，非常不方便。對於隨時都得注意天敵與尋找食物的野生動物來說，這可說是直接關係到生命安全的問題。而且鳥類無法轉動眼球。

所以牠們就會做出這種晃動脖子的行為。有個實驗是把鴿子維持固定，只移動周圍的景色，結果鴿子的脖子也跟著晃動。這個實驗發現，鴿子想要看清楚周圍，盡可能避免改變頭的位置，所以看起來就像在晃動脖子。

換句話說，鴿子走路時與其說是晃動脖子，不如說是把脖子固定在空間裡，只移動身體或許較為貼切。

這種「固定脖子」的行為不只出現在鴿子身上，也不只出現在步行的時候，在其他鳥類身上也能看到。

不只鴿子，仔細觀察其他鳥類，牠們的脖子也會晃動。

就算停留的樹枝被風吹動，鳥的脖子也不大移動（脖子固定）。

冬天剛飛來時，經常吃樹上的果實（很少飛到地上）。

自己玩「一二三木頭人」的鳥

大家知道「一二三木頭人」的遊戲嗎？簡單來說，就是遊戲的其他參與者，在當鬼的人說「一二三……」的時候可以移動，但如果當鬼說完「……木頭人！」並轉頭時，若參與者還在動，就會被鬼俘虜。鬼俘虜所有的人就能獲勝，參與者則在抵達鬼所在的地方時獲勝。

斑點鶇這種冬候鳥，會在草地等開闊的場所「噠噠噠噠」地小碎步走路，正當我們心想牠們走真快的時候，又會突然停下來。接著又再次重複「噠噠噠噠」地邁出步伐，停

停
止
木頭人！
原本以為斑點鶇噠噠噠地迅速移動，結果……

突然停下來。

下腳步的動作。這樣的動作很像在玩「一二三木頭人」。

斑點鶇不像鴿子或白鶺鴒那樣會邊晃動脖子邊走路。牠們靜止的時候，就會仔細觀察周圍、確認安全或尋找食物。

斑點鶇平常剛飛來日本時，多半都吃樹上的果實，所以很少看到「一二三木頭人」的景象。不過等到寒冬漸至，牠們就會經常飛到地上覓食，所以看到「一二三木頭人」的機會就增加了。

※ 附帶一提，聽說最近的日本孩子流行「木頭人的一天」（譯註：參與者必須做出鬼指定的日常動作）的新玩法，「一二三木頭人」似乎不大有人玩了。

如果把鳥類的嘴喙
比喻成人類的工具？

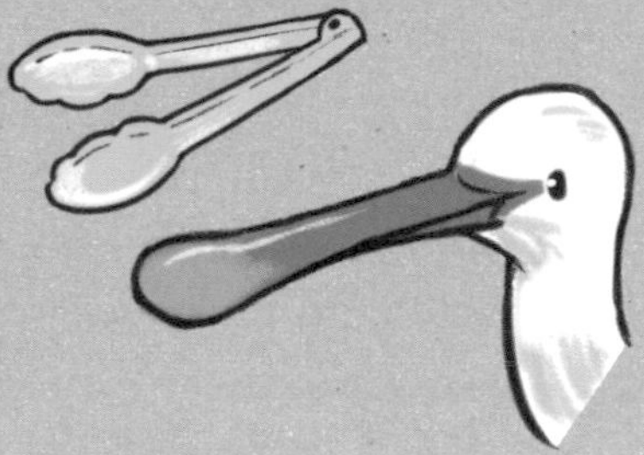

白琵鷺

像夾子一樣左右掃動嘴喙，就能捕到食物。

第 5 章

鳥類的生態，還有許多有趣之處！

鳥類真的是恐龍的後代！做日光浴的樣子氣勢十足

蒼鷺做日光浴的姿勢很特別。牠們半開著翅膀，安靜不動站在那裡。

在身邊也經常可以看到鳩鴿在地上做日光浴的身影。

在水邊散步時，經常可以在木樁上或岸邊等地方，看到正在做日光浴的鸕鷀。牠們會潛水捉魚，所以為了方便游泳，身上覆蓋著一層親水性高的羽毛。反過來說，鸕鷀的羽毛撥水性低，一旦弄濕就不容易乾，所以牠們會張開翅膀曬太陽，想要把羽毛曬乾。對體溫高的鳥類來說，羽毛維持著溼答答的狀態是一個嚴重的問題。

做日光浴的鸕鷀。羽毛的親水性高，容易游泳，但是不容易乾。
適合潛水捉魚的羽毛。

至於很少潛水的雁鴨，羽毛的撥水性高，上岸之後立刻就乾了。

鸕鷀可說是為了強化潛水能力，支付了羽毛容易變濕的代價吧？結果為了保持體溫，必須攝取大量食物。所以像鸕鷀這樣的生活方式比較好，還是像鴨子那樣的生活方式比較好，很難輕易做出判斷。

此外，觀察金背鳩與野鴿，會發現牠們經常張開羽毛在地面做日光浴。目的似乎是透過日光調節體溫，以及利用太陽光的作用，在體內生成維生素D。

從一坨羽毛裡長出一隻腳！白天睡覺的鳥兒們

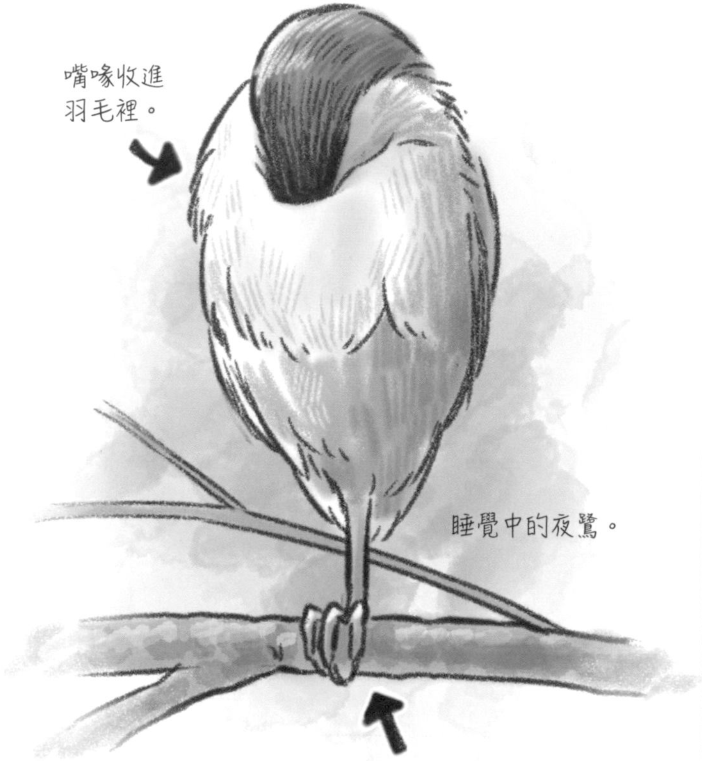
嘴喙收進羽毛裡。
睡覺中的夜鷺。
腳也容易著涼，所以經常把一隻腳收進羽毛裡。

觀察池邊樹叢，有時可以看到夜鷺等夜行性鳥類在睡覺。原本覺得「好像不大對勁？……牠、牠沒有頭！……而且只有一、一隻腳！」但牠只不過是把嘴喙與另一隻腳收進羽毛裡而已。鳥類的嘴喙與腳尖沒有羽毛，裸露在外，所以為了保持體溫，睡覺時經常會收起來。

除了夜鷺之外，也經常可以看到雁鴨睡覺的樣子。雁鴨

原本以為鴨子經常在白天睡覺……，但有時候也會維持休息姿勢，只把眼睛睜開警戒。

蒼鷺睡覺時，也會靈巧地把長長的脖子收起來。

大驚奇！沒有脖子的蒼鷺？

雖然也會在白天活動，但真要說起來比較算是夜行性，白天的時候經常在安全的岸邊或池子的正中央休息。牠們也經常把嘴喙埋進背部的羽毛裡，只靠一隻腳站立。

我在某個冬日白天想觀察海邊的斑背潛鴨，結果去了之後大失所望，好幾百隻斑背潛鴨幾乎都在睡覺。雖然牠們睡覺的樣子也算是可愛又討喜。

雁鴨睡覺時，會把下眼瞼往上拉，有時看起來就像在翻白眼，雖然有點驚悚，但也有一說認為，這是為了向天敵展現「我可是醒著的」。

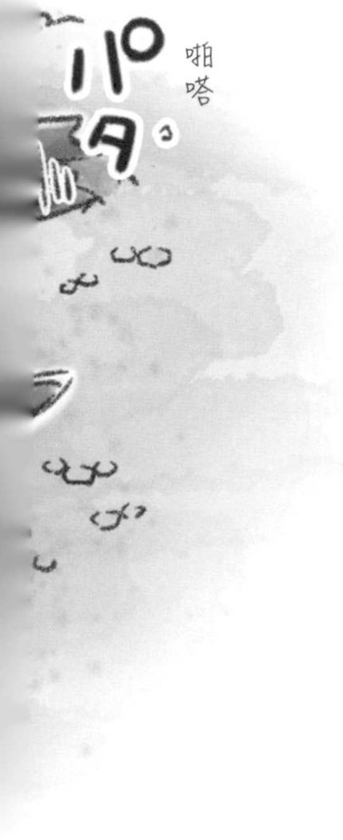

洗澡時用的是水？是沙？還是……？

水浴的鳥。牠們會把頭浸泡在水裡，激烈地左右轉動（甩水）。

蟻浴的烏鴉。聽說有些烏鴉還會進行雪浴或煙浴。

動物基本上都很愛乾淨。人類為了保持身體清潔而洗澡或淋浴，而野鳥也經常在水裡洗澡。

許多寄生蟲與雜菌附著在身體上會生病，髒污附著在羽毛上，也會影響保溫性與撥水性之類的功能。換句話說，如何保持身體清潔，對動物而言可說是直接關係到生命安全的重要課題。

其中也有一些野鳥的洗澡方式很特別。譬如我們身邊常見的麻雀。麻雀也會在沙地挖個淺坑，在裡面拍動羽毛進行「沙浴」。

沙浴的麻雀。

如果沙地上有很多小洞，說不定就是麻雀沙浴的痕跡。

此外，如果公園或院子裡的沙坑有不自然的凹陷，說不定就是麻雀洗澡的痕跡。其他會洗沙浴的種類，還有歐亞雲雀、綠雉、雷鳥等等。

還有更特殊的是烏鴉的「蟻浴」。顧名思義，這個行為就是坐在螞蟻的巢穴附近，把好幾十隻螞蟻抹在身上，或者讓螞蟻在身上爬。這可能是因為螞蟻分泌的化學物質「蟻酸」，具有殺菌與防蟲的作用，但詳細的原因並不清楚。

譯註：「煙浴」，烏鴉利用煙囪冒出的煙沐浴。

無論吃飯、喝水還是洗澡，都邊飛邊進行

家燕的嘴巴寬闊，這樣的形狀特別適合邊飛邊捕食。

能夠像捕蟲網一樣，有效率地捕捉昆蟲。

家燕雖然經常出現在周遭，但總是速度驚人地飛來飛去，幾乎不會停下來，所以出乎意料地難以仔細觀察。「飛翔」是鳥類最大的特徵，而燕子更是以飛翔能力見長的種類。

牠們能夠自由自在地急迴旋、急上升、急下降、空中懸停等等。飛行速度可達時速五十至兩百公里，所以想要拍照也不容易。

邊飛邊睡覺的
白喉針尾雨燕。
喝水也是邊飛邊喝

家燕的嘴巴結構也又寬又能張得很大，最適合邊飛邊捕捉空中的昆蟲。如果燕子飛到靠近水面的地方，還能看見牠們邊飛邊喝水、邊飛邊洗澡的景象。

牠們在餵離巢雛鳥時，也是邊飛邊餵食，總之就是忙碌地飛個不停。

另一種和家燕稍微不同的群體叉尾雨燕，甚至還邊飛邊睡覺，最長曾經創下連續飛十個月的記錄。

即使在鳥類當中，家燕與叉尾雨燕也演化成特別適合空中生活的種類吧？

鳥兒在天氣熱的時候會張開嘴巴

鳥兒在炎熱的日子經常張開嘴巴。但是牠們都躲在樹蔭下，所以很少有機會看到。
※這也是盛夏不適合入門者賞鳥的理由之一。

天氣熱的時候，常會看到麻雀與烏鴉張開嘴巴。

牠們的樣子看起來有點呆，但這可不是因為太熱，導致野鳥變得「癡呆」。牠們會做出這樣的行為，是為了克服炎熱。牠們也會為了方便散熱，稍微張開翅膀，創造出腋下的空間。

我們人類在天氣熱的時候，除了從皮膚表面散熱之外，也會流汗，利用汗水蒸發

推測鸕鶿等水鳥的喉嚨噗嚕噗嚕振動時，也具有散熱的效果。水浴（第一百四十頁）也是重要的體溫調節手段。
噗嚕噗嚕
人類能夠透過流汗調節體溫。狗同樣沒有汗腺，所以會張開嘴巴散熱。

的汽化熱降低體溫。但野鳥不會流汗，如果天氣太熱，就會張開嘴巴，藉由加速口內的水分蒸發，讓體溫下降。狗張開嘴巴「哈哈」吐氣，也是同樣的理由。

　但是這麼熱的天氣，動物原本就不大會活動。牠們多半靜靜地躲在樹蔭底下。反而人類才是特殊的動物，因為獲得了流汗的能力，即使天氣炎熱也相對容易活動。

　但是，炎熱的天氣對人類來說也很危險。這種時候鳥類也不太會活動，所以最好避免在這時觀察生物。

天氣冷的時候鳥兒都會蓬起來

斑點鶇。來日本過冬的冬候鳥，在天氣冷的時候也會蓬起來。

脹雀。指的是冬天蓬起羽毛的麻雀。福泰的樣子也被認為是好兆頭。

填滿羽毛的羽絨外套是防寒衣物的經典。我想應該也有不少人知道，羽絨外套本身並不會發熱。而是因為羽毛的縫隙能夠讓空氣保溫，所以穿著羽絨外套的人，就能靠著自己的體溫維持溫暖。

鳥類到了冬天就會把羽毛膨脹到極限，讓溫暖的空氣儲存在羽毛之間。麻雀膨脹到圓滾滾的樣子，在日本稱為「脹雀」，成為日本的冬日風

天氣冷的時候，日菲繡眼會一起擠在樹枝上休息。

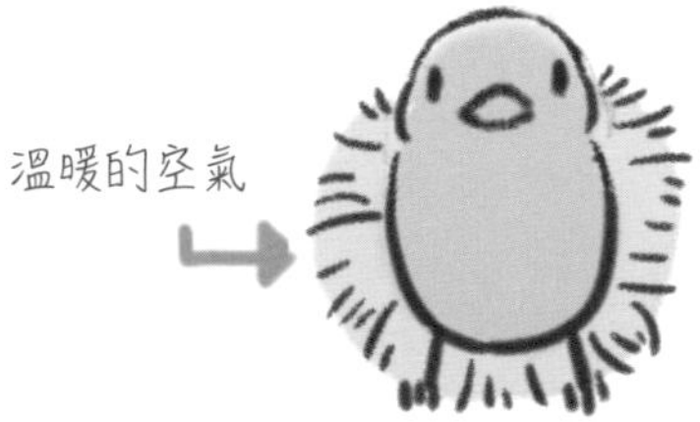

情。麻雀為了撐過寒冬，非常拼命，但因為膨脹的外表相當可愛，拍照上傳可以得到很多讚。其他鳥類也會蓬起來，譬如棕耳鵯圓滾滾的樣子，看起來和平常相差太多，有時候也會被誤認為鴿子。

此外，鳥兒們也會擠在一起取暖。日菲繡眼一起擠在樹枝上的樣子，或許也是想要靠著彼此的體溫互相取暖吧？

不管擁有再多的羽毛，冬季對鳥兒而言都依然相當嚴峻，所以牠們會想方設法度過寒冬。

和其他鳥種共同生活，一起撐過嚴峻的冬天

鳥類基本上在春至夏季以「一對」為單位養育幼鳥（也有群體繁殖的種類，稱為「繁殖群（colony）」）。

當鳥類平安結束繁殖，小鳥也離開父母後，牠們的工作就是「活到下次的繁殖期」。所以白頰山雀與銀喉長尾山雀等山雀類、小星頭啄木、日菲繡眼等小鳥，這些不同種類的鳥兒們在繁殖結束後會混在一起建立群體，稱為「混群」。

混群不僅容易找到食物（有時候可以奪取別人的食物）、容易發現天敵（有時候會犧牲同伴），有很多很棒的好處（或許也有壞處）。

這幾年的氣候條件導致覓食變得非常不容易，建立混群的傾向更加明顯。鳥類為了活下來，相當拼命，說不定即使是其他自己不喜歡的種類，也必須勉為其難地與對方相處。不過站在賞鳥人的立場，冬天的「混群」可以一次看到各種可愛的小鳥，很慶幸能有這樣的制度。

煤山雀
白頰山雀
日菲繡眼
雜色山雀
銀喉長尾山雀
小星頭啄木
建立混群的鳥

小小的鳥兒，在霓虹燈閃爍的車站前集結！

冬天的夜晚，大樓櫛比鱗次的都會區車站前，這樣的環境看似與野鳥無緣，但在這個時段，卻有一大群小鳥飛來。有時候甚至整群數百隻，在下班或放學時經過車站前的人，也因為鳥兒的數量實在太多而驚訝地抬頭往上看，這些鳥是白鶺鴒。

牠們在行道樹、大樓縫隙、廣告看板周邊等區塊，擠在一起度過夜晚。這些鳥兒為什麼會選擇在人潮與電車的聲音吵鬧、霓虹燈與大樓燈光閃爍的站前睡覺呢？可能是為了躲避烏鴉、猛禽與蛇類等天敵。近年也經常能觀察到大群灰椋鳥來都市地區睡覺休息的狀況。

鳥兒們到了早上四散紛飛，回到各自的領域覓食，到了夜晚的休息時間又再度聚集到車站。烏鴉也是類似的模式，儘管白天解散各自行動，到了夜晚也會再度聚集，大家在同樣的地方睡覺休息。

至於白頰山雀等小鳥則相反，牠們在混群中度過秋冬的白天，到了傍晚則解散，回去各自的窩睡覺。

在大樓的縫隙發現一群
過夜的鳥兒。
有時候也會在站前的常綠
樹，看見小鳥們擠在一起。

鳥群排成V字形的隊伍飛翔很合理

靠著漩渦狀氣流的幫助，
能夠在飛行時節省體力。

雁群排成V字形隊伍遷徙的樣子稱為「雁行」。除了雁群之外，也經常能在身邊的鸕鶿等野鳥身上看到這個隊形。牠們為什麼會排成V字形呢？

飛行會消耗龐大的能量，而鳥群希望盡量節省體力。其實鳥兒拍動翅膀時，會在翅膀後方形成漩渦狀氣流，飛在後方的鳥兒就能在這股氣流的幫助下，靠著揚力作用節省體力，即使不用力拍動翅膀也能飛行。

當成群飛行的鳥兒發現這股氣流時，後方的鳥兒就會為了利用氣流而飛在前方鳥兒稍

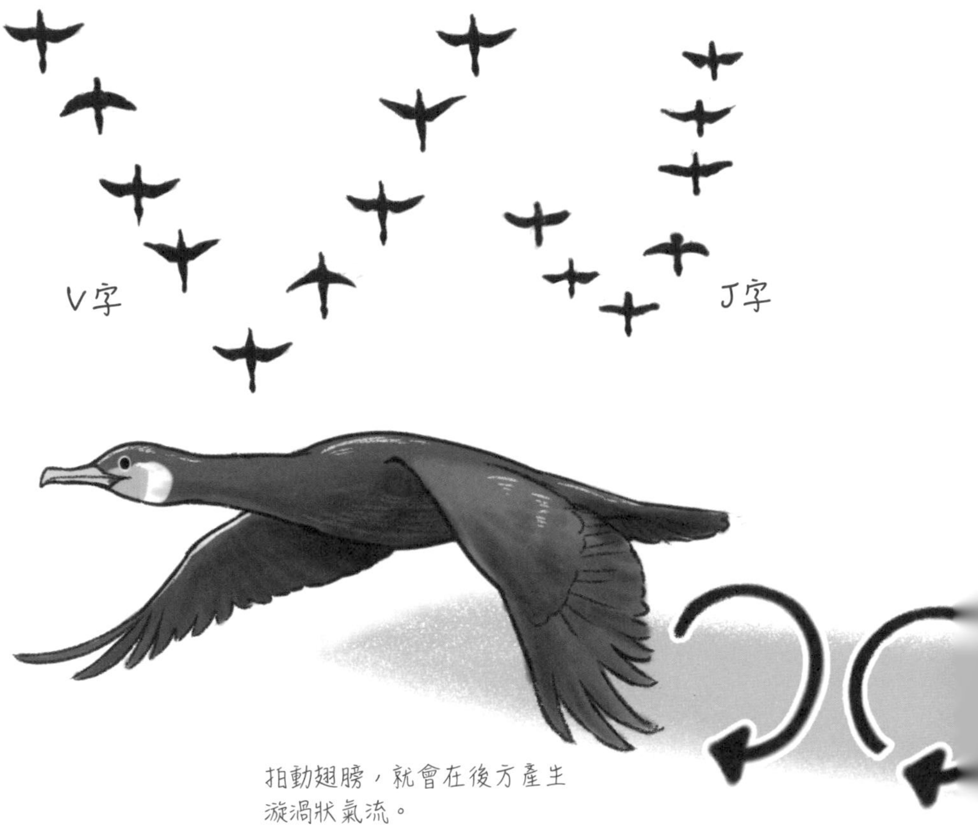

拍動翅膀，就會在後方產生漩渦狀氣流。

微斜後方的位置，於是自然而然就變成了Ｖ字形隊伍。隊伍的形狀也會受到上空的大氣狀態影響，除了Ｖ字形之外，有時候也會變成Ｊ字形或Ｗ字形。

另一方面，只有領隊的個體無法利用漩渦狀氣流，感覺有點可憐。不過一天移動上千公里的加拿大雁等候鳥，似乎一定會輪流擔任領隊。鳥類說不定也能理解，即使遷徙對單一個體而言相當嚴峻，但只要大家齊心協力，就能度過難關。

腦筋很靈光？烏鴉懂得「玩遊戲」

吊掛在電線下方玩大車輪。

滾動小球。用啄的或用踢的。

鳥類的活動一般在早晨較活躍，但如果不是繁殖期，白天大部分的時間出乎意料都在休息。城市裡的烏鴉，在早上翻找垃圾填飽肚子後，白天或許很閒，也會出現像是「玩遊戲」一樣的行為。雖然我不知道在科學上是否可稱為「玩遊戲」，但牠們會吊掛在電線下方、玩溜滑梯……怎麼看都像是在「玩」。說到野生動物，往往會讓人想到每天都過得像是生存遊戲，隨時都必須繃緊神經，但看到玩耍的烏鴉，也會讓人覺得牠們出乎意料過得很悠閒。

乘著往上吹的風，享受衝浪的感覺。

烏鴉也會先倒吊，然後突然鬆開腳飛走。

滑雪板？
（俄羅斯的烏鴉）

玩溜滑梯。有些烏鴉還會一直重複玩。

在人類的世界裡，只顧著玩的人往往會被批評為不認真，但就是這樣的人，才能完成大家都意想不到的事情，或是因為能夠靈活應付變化而生存下來。

烏鴉在鳥類當中，也被視為頭腦特別好的鳥種。只有聰明的生物，才能抱持著好奇心進行各式各樣的嘗試，換句話說就是夠聰明才懂得「玩」。而這些玩耍的經驗，說不定會在將來大環境發生變化時發揮作用。

自己跟自己打架的鳥

黃尾鴝想要趕跑廣角鏡反射的自己。

冬天常見的候鳥「黃尾鴝」公鳥。

發生在自然與人類之間的其中一項糾紛，就是野鳥的糞便問題。有車的人，或許曾因為車子的後照鏡附近沾滿大便而大發雷霆。這些糞便可能是鶺鴒或黃尾鴝等鳥類造成的，但牠們並沒有要找人類麻煩的意思。

這些鳥類擁有強大的領域意識，想要趕跑侵入領域的敵人，看到汽車後照鏡、廣角鏡、窗戶的玻璃等反射的自己，也被牠們誤以為是敵人而攻擊。牠們在與自己打架的過程中，不知不覺就把鏡子周邊弄得都是鳥糞。但這些鳥只不

白鶺鴒也有強烈的領域意識。

車子的後照鏡附近可能會被糞便沾得到處都是。

據說鴿子在某些條件下，具備鏡像認知的能力。

過是拼命想要保護自己的領域……。

分辨自己在鏡中的身影的能力，稱為「鏡像認知」。伊索寓言中，就有狗無法辨識倒映在池中的自己，最後吃了大虧的故事，這也是不具備鏡像認知的例子。不過，野鳥中的鴿子與喜鵲，似乎就具備鏡像認知的能力。

如果附近有黃尾鴝或白鶺鴒，或許最好在停車的時候，把後照鏡收折起來。

黃眉黃鶲

只要選對時期，在都市裡說不定也能看到少見的鳥？

春、秋遷徙的時期，即使不特地去到遙遠的山區，也能在公園等綠地看到山區的鳥。雖然大部分待個幾天就離開，但有時候也會待上一個星期。

譬如黃眉黃鶲就是相對容易見到的鳥。牠們是數量較多的夏候鳥，即使出門時沒有事先收集資訊，也很有可能在廣大的綠地看到。

牠們的喉嚨到腹部的鮮黃色，在新綠的襯托之下非常美麗。天氣好的時候也可能會鳴唱。

如果運氣好，說不定還能看見無論外形還是歌聲都很優

平原地區的綠地（公園等）
是候鳥珍貴的休憩區。
稍微休息一下

白腹琉璃
紫綬帶
日本歌鴝

夏天繁殖期必須去到山區才能看到的美麗野鳥，在春、秋的遷徙時期，也能在平原地區的公園等綠地看到。

美的白腹琉璃、紫綬帶或日本歌鴝等。

此外還有在日本國內也只能在春天或秋天見到的鳥，譬如灰斑鴴和灰沙燕。這些鳥與「夏候鳥」或「冬候鳥」不同，是另一種被稱為「過境鳥」的候鳥。對過境鳥來說，日本只是遷徙時暫時停留的中繼站，牠們不會在這裡繁殖、過冬，日本充其量就是通道或休息的場所。

能夠看到過境鳥的期間非常短暫，如果遇到了，就有一點賺到的感覺。

column

雙筒望遠鏡的選擇方式、使用方式

當賞鳥開始變得有趣，就會想買雙筒望遠鏡。如果在上班或上學途中使用，輕便型雙筒望遠鏡應該不錯。最近推出了體積雖小，但視野寬闊、明亮的機種。望遠鏡的倍率也不是愈高愈好，如果目的是觀察身邊的鳥，八倍左右就已經足夠。一般來說，倍率愈高，視野往往會愈窄、愈暗，對入門者來說不容易操作。在價格方面，剛開始建議買日幣一至兩萬元的等級就夠了。如果有觀劇望遠鏡，也可以拿來試試看。

使用雙筒望遠鏡時一定要裝上掛繩。望遠鏡是精密光學儀器，很容易因為微小的衝擊而故障，所以使用時一定要掛在脖子上，以免掉落或碰撞。左右眼視力不同的人，第一次使用時也必須先進行「視度調節」（調節方法依機種而異，請參考說明書）。沒有戴眼鏡的人，把眼罩拉出再透過目鏡觀看會比較舒服。

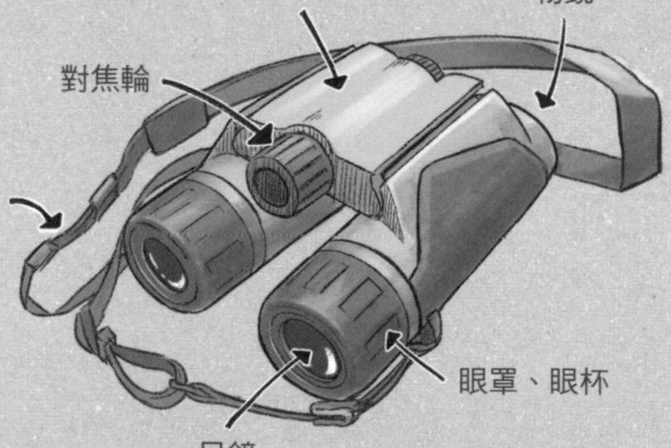

雙筒望遠鏡的使用方式

1. 先用肉眼確認鳥的位置。

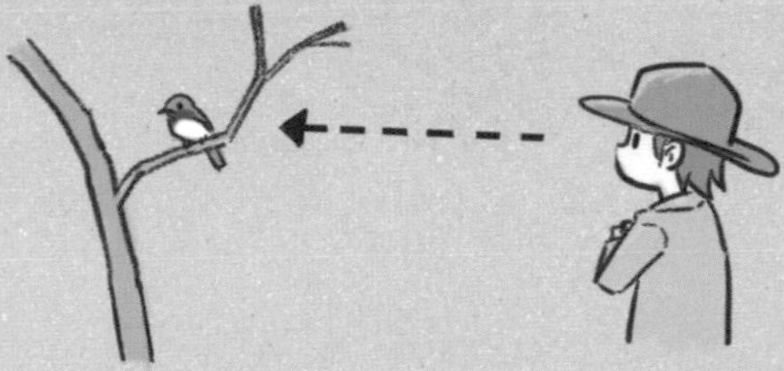

NG

OK

將雙筒望遠鏡的眼幅，調整到視野變成一個正圓。

2. 維持視線，將雙筒望遠鏡靠近眼睛。

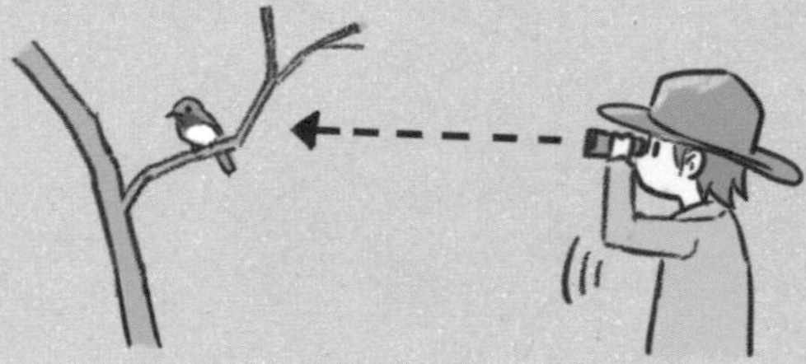

3. 使用對焦輪調節焦距（視線維持不動）。

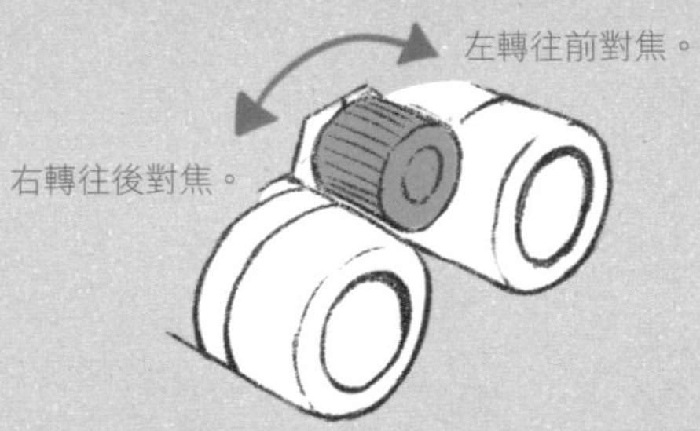
左轉往前對焦。
右轉往後對焦。

絕對不能用望遠鏡看太陽（有傷害視網膜的危險）。此外，在住宅區為了避免被懷疑「偷窺」，望遠鏡請勿對著民宅的窗戶。

如果把鳥類的嘴喙
比喻成人類的工具？

黃眉黃鶲

像鑷子一樣細的嘴喙，可以捕捉樹林裡的小蟲。

書末附錄漫畫

野鳥困擾SOS！

～如何與身邊的鳥兒相處～

1.該如何跟家燕和平共生呢？

你好
開門
空蕩蕩……
？
我是前幾天承蒙您幫助的
家燕。
關上
鎖起

到了春天，怪人就變多了——
等一下來報警吧……
……
為什麼牠的身影沒有出現在對講機裡呢……
先不管這個了
拉開
繼續打掃陽台吧……
呼
呼
我是承蒙您幫助的……
家燕！
嘎
嘎

咳咳
我不記得自己曾經幫助過家燕……
正確來說得到幫助的是我的孩子們。
這棟建築物的入口，不是有家燕的巢嗎？
其實很多人抱怨，差點就要被拆掉了……
嗶—嗶—
下面根本不能走
鳥大便好髒
你幫我們裝上了托糞盤，所以鳥巢就沒有被拆掉。
嗶—
嗶—
喔—
那個啊—
咳咳
那個也不是為了幫助你們，
我只是受不了環境那麼髒……

我聽說……
在民間故事裡，
被人類幫助過的鳥，會變成人類回來報恩。
有沒有什麼是我可以做的呢？
咳咳
有的。
有一件事情務必請你幫忙。
我對鳥過敏，
可以請你出去嗎？
關上
鎖起

家燕築巢對人類也有利

家燕被視為吉祥的鳥，從以前就很受到珍惜。

雖然家燕的巢，有時候會因為鳥糞很髒等理由而遭到撤除，但都市地區的家燕，會幫忙捉走白背飛蝨（稻子的害蟲）與蒼蠅等衛生害蟲，也是一種有幫助的益鳥。

每隻親鳥為了哺育雛鳥，可以捕捉約兩千隻的昆蟲。

但另一方面，據說家燕的數量，也因為建築物的樣式逐漸改變而漸少。家燕只會在人類周遭築巢。所以為了我們自己，希望大家都能與家燕和平共存。

如果家燕的糞便造成困擾……

若家燕在人類常走的地方築巢而造成困擾，可以用紙箱或厚紙板等做成托糞盤裝在鳥巢下方，這樣就不需把鳥巢撤除也能解決問題，且也能提高路人對於環境的意識。

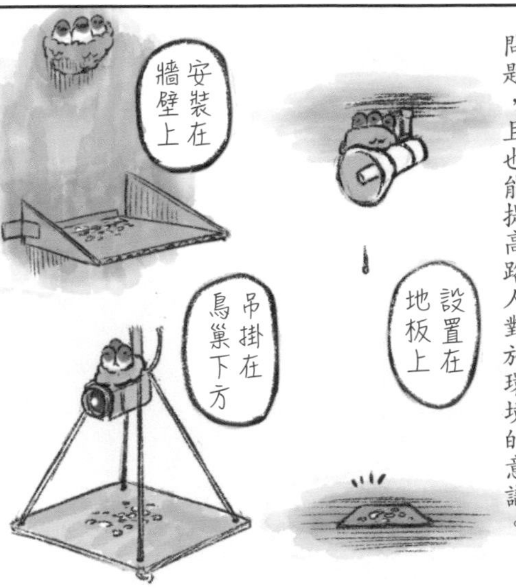
安裝在牆壁上
設置在地板上
吊掛在鳥巢下方

※但托糞盤如果太靠近鳥巢，不僅不衛生，也會成為天敵落腳的地方。雖然沒有一定的標準，但與鳥巢之間最好要有五十公分左右的距離。

如果家燕的巢掉下來……

家燕的巢有時候也會損壞。把巢材裝進泡麵碗或籃子裡重新設置，是常見的救助方法。

チキンラー

※破壞鳥蛋或雛鳥所在的巢，會違反野生動物保育法，敬請留意。

2.鴿子擾人該怎麼辦呢？

走開ー
啪嗒
啪嗒
唉ー
煩死了……
驅鳥對策也沒有效果嗎……
擦擦
擦擦
你好
家燕先生。
探頭
我花了一晚，做好了報恩的禮物。
咦，照這個發展，該不會是…
美麗的布匹
做得非常漂亮喔！
掏掏
掏掏
泥土球！
你是小學生嗎！？

抱歉，家燕就只會做這種東西。
用口水固定泥土
咥
咥
捏捏捏捏
好髒！報恩難道不是用羽毛織布給我嗎？
什麼？鳥的羽毛不可能拿來織布啊！
別說了！不要破壞我的夢想！
反正我對鳥過敏！所以就算了。
咦？
這是什麼？
我想說掛上這個，鴿子就不會再來。
用不到的遊戲光碟
正面
確實……常有人類會掛著這種東西。
不過說老實話，鴿子只有剛開始會疑惑「這是什麼」而稍微警戒一下而已。
果然，真的是這樣～

因為鴿子一旦看上一個地方，就會非常執著呢！
不過也有各種對策。
如果留下糞便，就會成為鴿子再次飛來的原因，
所以最基本的對策，首先就是把鴿子糞打掃乾淨。
喔～
對了！鳥井小姐對鳥過敏，
綁緊
就由我來幫你打掃吧！
就當作是報恩！
真的嗎？這可能幫了我一個大忙。
♪～
掉落
♪～
掉落
掉落
咳咳
還是算了。
咦？為什麼？
？
算了，別再掃了！

如果野鴿飛來造成困擾……

野鴿一臉說不上來的呆樣，讓人討厭不起來，但如果在陽台上大便、築巢，說不定就會讓人煩得不得了。

或許因為野鴿有強烈的歸巢本能，一旦對某個場所產生執著，就會煩人地一再出現。如果不把野鴿的大便清理乾淨，牠們又會再次飛回來。

如果野鴿在一個地方築了巢，即使將巢撤除，牠們還是有可能會執著地再次飛回來築巢。倘若還在早期階段，徹底將糞便打掃乾淨，不要堆放東西，就是驅逐野鴿的有效方法。

但是到了鴿害嚴重的階段，就要購買驅鴿商品，或者最好也評估看看是否要請專業人士處理。

用溫水軟化糞便，再拿舊報紙或廚房紙巾擦拭。

將糞便擦乾淨後進行消毒。

※野鴿也被形容成「會飛的老鼠」，可能帶有病原菌。

如果不趁早處理……

等到產卵或孵化出雛鳥後才想到要驅逐，不僅有觸犯野生動物保育法的疑慮，也需要耗費龐大的工夫與費用。

此外，也請不要餵食鴿子。

餵食鴿子將導致鴿子增加、定居，造成周邊居民的困擾。

3.如果害怕繁殖期的烏鴉怎麼辦？

咦？
洗好的衣服
不見了！
難道有小偷…!?
啪沙
烏鴉幹的好事？
原來是這樣嗎？
原來是這樣嗎？
我好心幫你撿回來……
刺痛刺痛

烏鴉為了拿走衣架當成巢材，有時候也會把洗好的衣服丟下去——
真聰明啊！
我跟烏鴉
真的很不對盤。
牠們會落下大便，
還會跟上來糾纏。
前一陣子甚至還從背後啄我。
啄？
嗯……這可能是誤會……
邊飛邊用嘴巴啄人，
鳥類基本上做不到這麼靈巧的事情。
那個時候，一定是「用踢的」
常有的誤會！
基本上不會啄人。
烏鴉飛踢時也鼓起勇氣。
嗚喔！
Kick!
這樣嗎？

烏鴉在繁殖期似乎也會變得很神經質。
最好不要接近牠們的巢
避免刺激牠們。
說的也是……雖然跟我不對盤……
嘎嘎嘎嘎
但烏鴉也是生態系中的重要種類。
家燕先生，你想說的是這個吧？
…
是的。
畢竟烏鴉姑且也是
生態系的一員。
咦？眼睛沒有笑!?
嘎嘎嘎嘎
（註）烏鴉是燕子的天敵。

害怕繁殖中的烏鴉，該怎麼辦呢？

偶爾會有人說，他被烏鴉啄過。也有很多人覺得，好像會被烏鴉啄，很可怕。但實際上，烏鴉不會用啄人的方式攻擊人類。因為牠們做不到。

邊飛邊伸出尖尖的鳥喙朝著人類飛去的攻擊方式，對烏鴉來說太過勉強。那些覺得被啄的人，實際上多半是被烏鴉從身後用腳踢，只不過他們誤以為是被啄。

繁殖期的烏鴉為了保護孩子，攻擊性會變強。人類通過烏鴉的巢附近時，也經常會害怕被烏鴉纏上，或是被烏鴉從背後飛踢。

人類如果想要安全地從巢下通過，撐傘是有效的對策。

攻擊前的威嚇行為等。
來到附近時，烏鴉會大聲地連續鳴叫。
嘎
嘎
嘎
有時候會用嘴喙摩擦樹枝，把樹枝折斷丟下去。
嘎
嘎
邊叫邊從上空飛過
……等等

如何避免遭受烏鴉攻擊

烏鴉的攻擊會瞄準背後到後腦勺，所以必須通過烏鴉巢附近時，最有效的方法是撐傘或戴帽子，邊保護頭部，邊迅速通過。

4.野鳥撞擊事故──鳥擊或窗殺

啪沙
我帶牠去專門診治野鳥的動物醫院了，似乎沒有生命危險。
太好了……謝謝你。
鳥類不是很擅長飛嗎？為什麼會撞到窗戶呢？
如果窗戶反射風景，或是太透明，看起來像是可以通過，
有時候就會撞到。
有沒有什麼方法可以預防呢？
有這種東西喔！
掏掏掏

貼上
原來有這樣的貼紙啊！
這個叫做「猛禽貼紙」。
可以預防鳥擊。
……
盯著看……
啊！
抱歉。你不喜歡鳥，應該也討厭這種貼紙吧？
不會啊。
貓頭鷹
蒼鷹
我還蠻喜歡猛禽的。
咦？
因為牠們會把小鳥吃掉，避免繁殖太多。
食物鏈很重要吧！
抖

什麼是鳥擊？

鳥擊（bird strike）是野鳥撞擊人造物的事故。撞到飛機會造成嚴重問題所以很有名，但牠們也經常會撞擊窗戶（窗殺）或風車等，鳥擊其實是生活周遭就會發生的問題。

如果透明的玻璃，或是會反射風景的鏡面玻璃等出現在野鳥的通道上，就很容易造成窗殺。

容易造成鳥擊的窗戶的例子
反射風景

什麼是猛禽貼紙？

猛禽貼紙（bird saver）是防止窗殺的其中一種手段。只要在窗戶貼猛禽貼紙，就能有效幫助野鳥辨識出這裡有牆壁。

雖然市售品的圖案，很多都是為了驚嚇野鳥的猛禽，但據說不管什麼樣的貼紙都有效。貼在車上的隔熱紙也有效果。此外，將紗窗拉上也能有效預防窗殺。

哇，猛禽！
有牆壁！
用猛禽的圖案把小鳥嚇跑。
只貼剪影也能讓小鳥知道這裡有牆壁。
看不見的牆壁嗎？

審訂註：近年觀察發現，如果只貼一張猛禽貼紙，有時候還是會有小鳥撞上去。建議最好貼得密集些，如此一來，防止鳥類撞上的效果會更好。

5.如果發現受傷的鳥該怎麼辦？

鳥井小姐明明這麼討厭鳥……
為什麼還要救麻雀呢？
咦？
這難道是人類所謂的傲嬌嗎？
才不是。
這跟喜不喜歡沒有關係。
麻雀因為人類的生活而受傷，
人類救牠是理所當然啊。
啊，電話
PRRR
就快要秋天了呢……
野鳥與人類都是生活在同個世界的生物
有時候也會帶給對方麻煩，造成彼此的困擾，

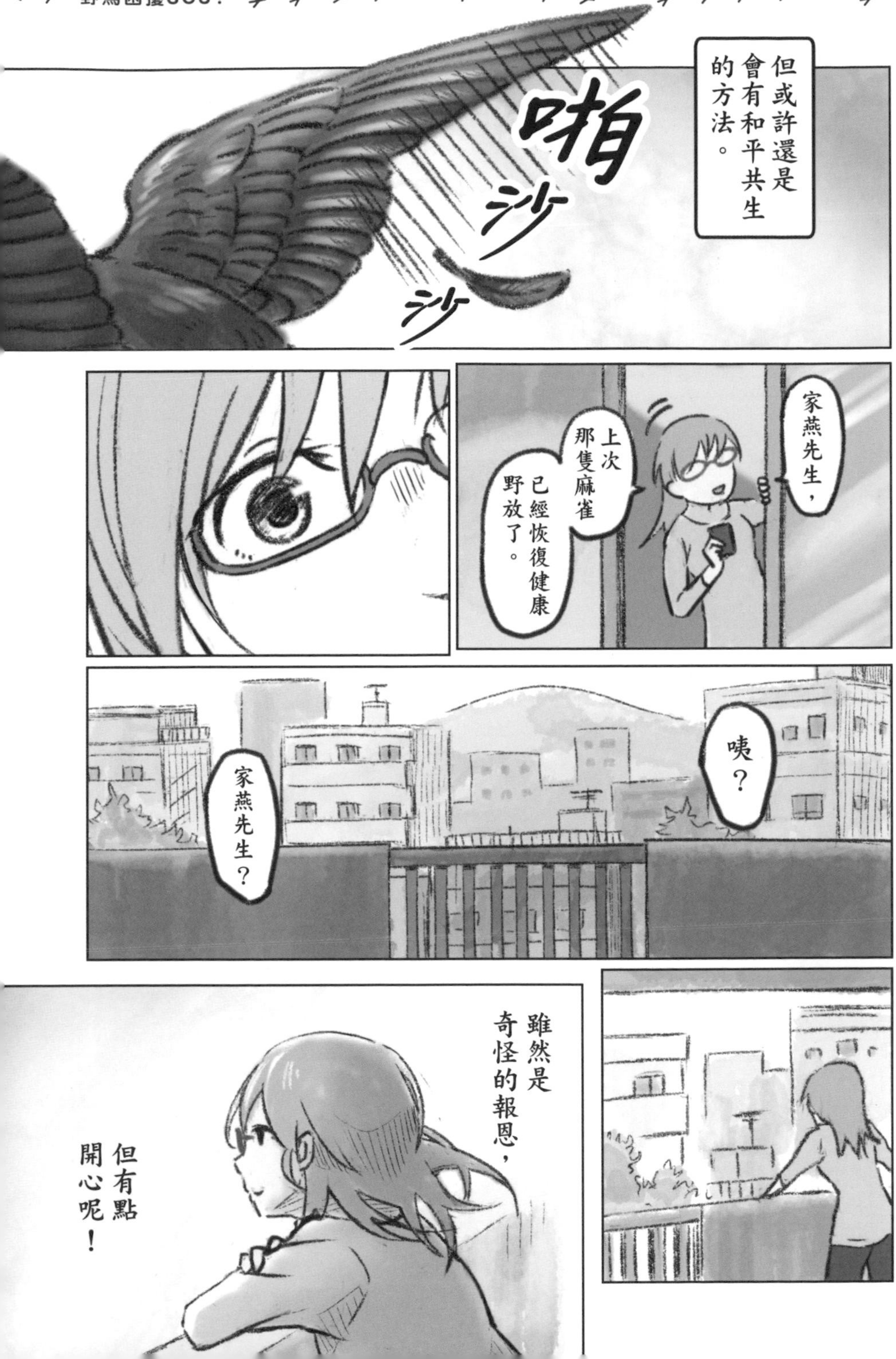
但或許還是會有和平共生的方法。
啪
沙
沙
家燕先生，
上次那隻麻雀已經恢復健康野放了。
咦？
家燕先生？
雖然是奇怪的報恩，
但有點開心呢！

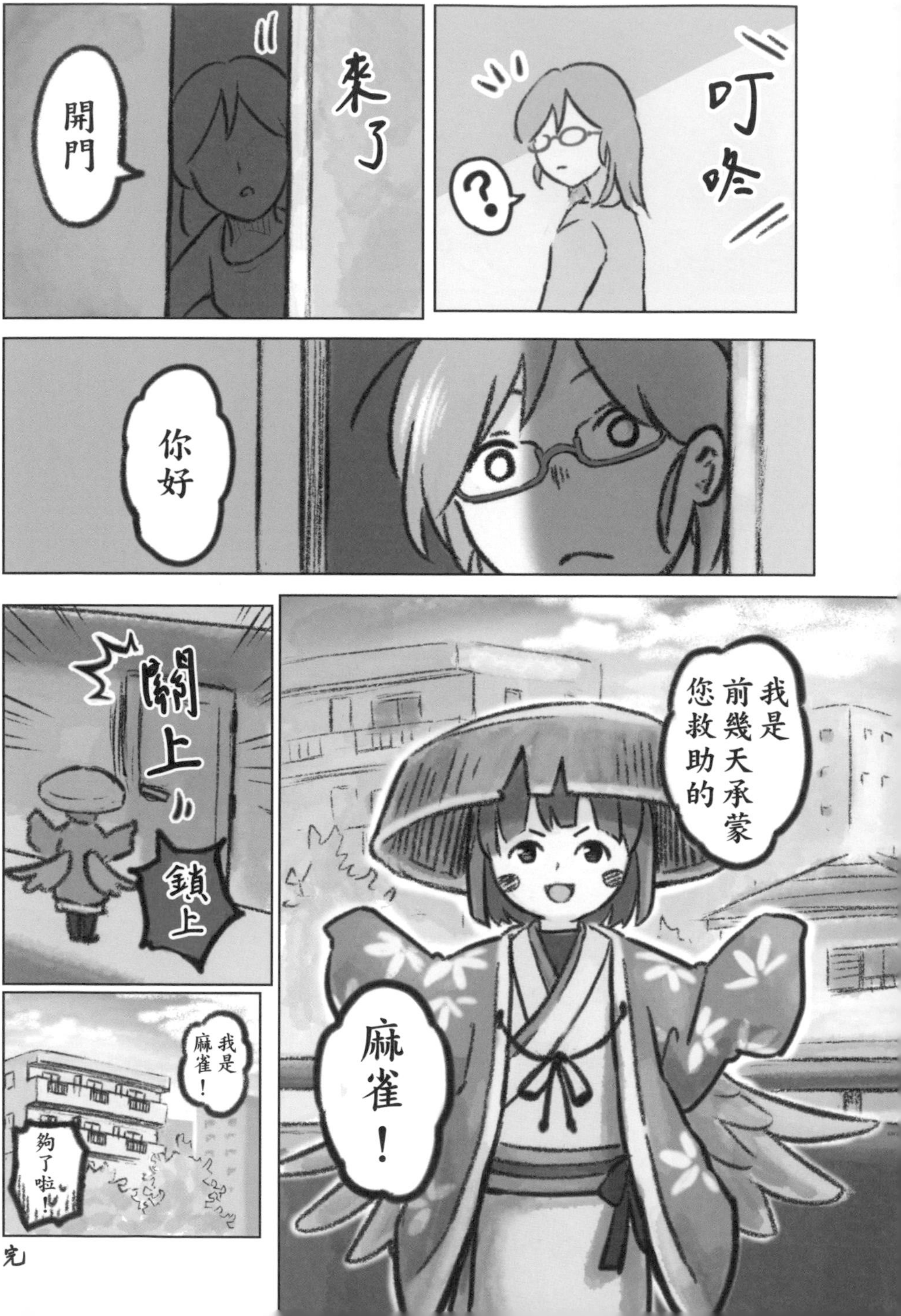
叮咚
?
來了
開門
你好
我是前幾天承蒙您救助的
麻雀！
關上
鎖上
我是麻雀！
夠了啦！

完

如果發現受傷的野鳥，該怎麼辦？

因為鳥擊或交通事故等人類的活動而受傷的野鳥，稱為「傷病鳥」。

如果發現受傷的野鳥時不知道該如何處理，首先請洽詢各地方政府的市民熱線或動保處等相關單位。他們會告訴你處理方式、以及可以送到哪裡等資訊。

全國也都有救治傷病鳥的設施，或是由個人經營、提供看診與治療的動物醫院。但野鳥不屬於一般的動物醫院管轄，必須注意這點。

開車撞到。
損壞鳥巢。
被飼養的貓襲擊。

有些情況雖然沒受傷，但根據判斷也有救助的必要。
譬如因人為因素，親鳥丟下雛鳥逃跑。

避免觸犯野生動物保育法

即使想要救助因為人類活動而受傷的野鳥，隨意捕捉野鳥依然會違反野生動物保育法。

就算是需要緊急救助的情況，日後也請務必與地方政府的相關單位聯絡。

原則上，首先必須聯絡地方政府或是救助設施。

觸摸野鳥時的注意事項

如同前述，試圖救助傷病鳥的時候，也必須觸摸牠們。但是，對野鳥來說，被人類觸摸將成為非常大的壓力。

請盡量使用手套與毛巾溫柔觸碰，並盡量減少接觸的時間。如果因為想要救助野鳥而捕捉牠們，最壞的情況可能導致野鳥因為受到驚嚇而突然死去。

想要救助野鳥，反而導致牠死亡的案例（驚嚇猝死）

此外，野鳥身上有各種病菌與病毒。為了自身的安全，觸摸野鳥之後請務必洗手。

搬運傷病鳥時，使用紙箱很方便

安靜與保溫最重要！

請盡量選擇適合傷病鳥的大小的箱子。

※如果大小不適合，傷病鳥可能會在箱子裡滾動，保溫效率也會變差。

裝入溫水（25～30℃左右）的寶特瓶。

※將寶特瓶固定住，以免在箱子裡滾動。

箱底鋪報紙、面紙、毛巾（選擇不會勾住爪子的材質）。

運送時蓋上蓋子，讓裡面照不到光，鳥兒會比較平靜。

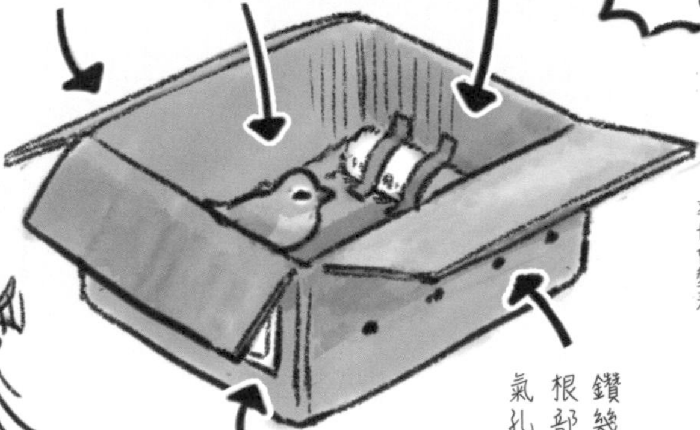

鑽幾個比嘴喙根部更小的透氣孔。

外側也可以貼暖暖包保溫。

如果只有腦震盪，沒有外傷，三十分鐘左右就能復原。

小型的鳥也可以用面紙盒。

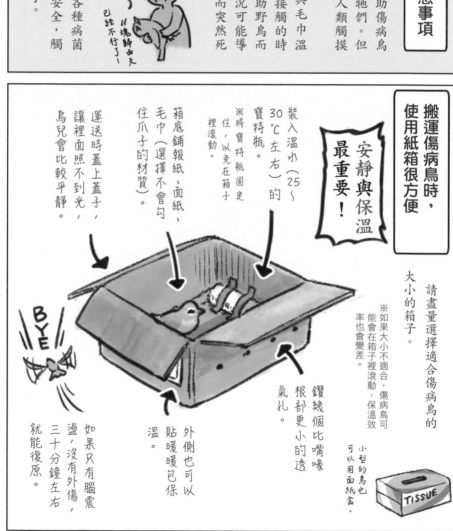

注意不要救錯鳥！

在春至夏季的鳥類繁殖期，經常有剛離巢還飛不好的幼鳥，被誤以為狀態虛弱、或是遭親鳥拋棄等，結果明明沒有必要救助，卻遭到干涉的案例。

所以日本野鳥協會等單位，也會在春天時張貼「不要撿拾幼鳥」的海報提醒民眾，但還是經常發生這種救錯鳥的情形。

即使人類沒有發現，但親鳥通常都在離得稍遠的地方守護。為了避免這種善意「綁架」，遇到離巢幼鳥時，在一旁守護不要出手才是基本做法。

剛離巢的野鳥，還無法獨當一面。
牠們練習飛行。
或是學習覓食的方法。

離巢幼鳥的特徵

離巢幼鳥對人類缺乏警戒心，有時也會擋在路的正中央。如果擔心牠們被輾過或踩到，可以將牠們移動到附近的植栽。只有小範圍的移動，親鳥還是可以透過叫聲得知幼鳥的位置。

離巢幼鳥
雖然依種類而異，但顏色多半比成鳥淡。
巢內雛鳥
成鳥
尾羽較短
通常還站得不好。

結語

感謝各位讀到最後。我是作者一日一種。「一日一種」是我的筆名，雖然聽起來很怪。每次看到有人想用筆名叫我，結果吃螺絲的樣子，總是覺得很抱歉。真的對不起。

最近流行各式各樣的生物書，以野鳥為主題的書也多到不勝枚舉。從這麼多的書當中，選到這本拿起來閱讀，請讓我再次表達謝意。

這本書挑選能夠在「周遭」看到的野鳥，並介紹牠們有趣的生態。現代這麼方便，即使生物棲息在距離日本遙遠的地方，也能透過電視或網路影片，看到牠們的生態。我自己也經常看這樣的節目或影片，覺得能夠認識全世界的各種生物是一件很好的事情。

但另一方面，我們是否也不大會注意到那些雖然近在眼前，乍看之下卻樸素又似乎沒什麼特別的生物呢？或許因為離我們太近了，所以潛意識裡也認為沒有特地觀察的價值。但若仔細觀察每一種生物，就會發現無論哪種生物都充滿了有趣之處。實際透過自己的眼睛、耳朵觀察生物，得到意想不到的發

現時，那種感動遠比透過電視或網路觀察還要深刻。

讀完這本書之後，一定會在日常生活中，更「注意」身邊的野鳥。如果這本書能讓大家想要更進一步觀察野鳥，想要繼續與野鳥共生，那就是我的莫大榮幸。

我自己也還有許多不知道的事情。我想野鳥觀察也會持續下去。期待總有一天，也能在野外與各位見面。

那麼我就在此告退。謝謝大家。

二〇二一年一月　一日一種

参考文献

叶内拓哉／著『野鳥と木の実と庭づくり　木の実と楽しむ、バードライフ』（文一総合出版、2016年）

秋山幸也・神戸宇孝／著『はじめよう！バードウォッチング』（文一総合出版、2014年）

細川博昭／著『知っているようで知らない鳥の話』（SBクリエイティブ、2017年）

谷口高司・谷口りつこ／著『大人のためのバードウォッチング入門』（東洋館出版社、2009年）

箕輪 義隆／著『鳥のフィールドサイン観察ガイド』（文一総合出版、2016年）

唐沢孝一／著『カラー版　身近な鳥のすごい食生活』（イースト・プレス、2020年）

細川博昭／著『身近な鳥のすごい事典』（イースト・プレス、2018年）

藤田祐樹／著『ハトはなぜ首を振って歩くのか』（岩波書店、2015年）

中川雄三／文・写真・絵『水中さつえい大作戦（たくさんのふしぎ傑作集）』（福音館書店、2014年）

成島悦雄／監修、ネイチャー・プロ編集室／編・著『動物のちえ1　食べるちえ』（偕成社、2013年）

成島悦雄／監修、ネイチャー・プロ編集室／編・著『動物のちえ3　育てるちえ』（偕成社、2014年）

松原 始／著『カラスの教科書』（雷鳥社、2013年）

北村 亘／著『ツバメの謎　ツバメの繁殖行動は進化する!?』（誠文堂新光社、2015年）

三上 修／著『スズメ　つかず・はなれず・二千年』（岩波書店、2013年）

ピッキオ／編著『改訂版　鳥のおもしろ私生活』（主婦と生活社、2013年）

蒲谷鶴彦／著、松田道生／文『日本野鳥大鑑』（小学館、2001年）

松田道生／著、中村 文／絵『鳥はなぜ鳴く？ －ホーホケキョの科学－』（理論社、2019年）

樋口広芳／監修、石田光史／著『ぱっと見わけ観察を楽しむ　野鳥図鑑』（ナツメ社、2015年）

日本野鳥の会『バードウォッチング健康法〜鳥を見て体と心を癒す〜』（2020年）　※小冊子

日本野鳥の会『ヒナとの関わり方がわかるハンドブック』（2013年）　※小冊子

鳥類的機智都市生活

從覓食、求偶、築巢、叫聲，一窺43種鳥鄰居令人意想不到的日常

身近な「鳥」の生きざま事典

作　　者　一日一種
譯　　者　林詠純
審　　訂　林大利
主　　編　鄭悅君
特約編輯　王韻雅
封面設計　走路花工作室
內頁設計　張哲榮

發 行 人　王榮文
出版發行　遠流出版事業股份有限公司
地址：臺北市中山區中山北路一段11號13樓
客服電話：02-2571-0297
傳真：02-2571-0197
郵撥：0189456-1
著作權顧問　蕭雄淋律師

初版一刷　2022年5月1日
定　　價　新台幣420元（如有缺頁或破損，請寄回更換）

I S B N　978-957-32-9446-7
遠流博識網　www.ylib.com
遠流粉絲團　www.facebook.com/ylibfans
客服信箱　ylib@ylib.com

MIDIKANA TORI NO IKIZAMA JITEN

國家圖書館出版品預行編目（CIP）資料

鳥類的機智都市生活：從覓食、求偶、築巢、叫聲，一窺43種鳥鄰居令人意想不到的日常 / 一日一種著；林詠純譯.
-- 初版 -- 臺北市：遠流出版事業股份有限公司, 2022.05
192 面；14.8 × 21 公分
譯自：身近な「鳥」の生きざま事典
ISBN 978-957-32-9446-7（平裝）

1.CST: 鳥類

388.8　　111001048